香 味

味道书院编委会　编著

中国大百科全书出版社

图书在版编目（CIP）数据

香味 / 味道书院编委会编著 . -- 北京 ： 中国大百科全书出版社， 2025. 1. --（味道书院）. -- ISBN 978-7-5202-1692-0

Ⅰ. TS264.2-49

中国国家版本馆 CIP 数据核字第 2025A92P67 号

总 策 划：刘　杭　郭继艳
策划编辑：韩晓玲
责任编辑：孙甲霞
责任校对：梁嬿曦
责任印制：王亚青
出版发行：中国大百科全书出版社有限公司
地　　址：北京市西城区阜成门北大街 17 号
邮政编码：100037
电　　话：010-88390811
网　　址：http://www.ecph.com.cn
印　　刷：唐山富达印务有限公司
开　　本：710mm×1000mm　1/16
印　　张：10
字　　数：100 千字
版　　次：2025 年 1 月第 1 版
印　　次：2025 年 1 月第 1 次印刷
书　　号：ISBN 978-7-5202-1692-0
定　　价：48.00 元

—— 总　序

这是一套面向大众、根植于《中国大百科全书》第三版（以下简称百科三版）的百科通俗读物。

百科全书是概要记述人类一切门类知识或某一门类知识的完备的工具书。它的主要作用是供人们随时查检需要的知识和事实资料，还具有扩大读者知识视野和帮助人们系统求知的教育作用，常被誉为"没有围墙的大学"。简而言之，它是回答问题的书，是扩展知识的书。

中国大百科全书出版社从 1978 年起，陆续编纂出版了《中国大百科全书》第一版、第二版和第三版。这是我国科学文化建设的一项重要基础性、标志性、创新性工程，是在百年未有之大变局和中华民族伟大复兴全局的大背景下，提升我国文化软实力、提高中华文化国际影响力的一项重要举措，具有重大的现实意义和深远的历史意义。

百科三版的编纂工作经国务院立项，得到国家各有关部门、全国科学文化研究机构、学术团体、高等院校的大力支持，专家、学者 5 万余人参与编纂，代表了各学科最高的专业水平。专家、作者和编辑人员殚精竭虑，按照习近平总书记的要求，努力将百科三版建设成有中国特色、有国际影响力的权威知识宝库。截至 2023 年底，百科三版通过网站（www.zgbk.com）发布了 50 余万个网络版条目，并陆续出版了一批纸质版学科卷百科全书，将中国的百科全书事业推向了一个新的高度。

重文修武，耕读传家，是我们中国人悠久的文化传承。作为出版人，我们以传播科学文化知识为己任，希望通过出版更多优秀的出版物来落实总书记的要求——推动文化繁荣、建设中华民族现代文明，努力建设中国式现代化强国。

为了更好地向大众普及科学文化知识，我们从《中国大百科全书》第三版中选取一些条目，通过"人居环境""科学通识""地球知识""工艺美术""动物百科""植物百科""渔猎文明""交通百科"等主题结集成册，精心策划了这套大众版图书。其中每一个主题包含不同数量的分册，不仅保持条目的科学性、知识性、准确性、严谨性，而且具备趣味性、可读性，语言风格和内容深度上更适合非专业读者，希望读者在领略丰富多彩的各领域知识之时，也能了解到书中展示的科学的知识体系。

衷心希望广大读者喜爱这套丛书，并敬请对书中不足之处给予批评指正！

《中国大百科全书》编辑部

"味道书院"丛书序

　　味道，是人类与环境世界互动的桥梁之一。它不仅赋予我们美食的享受，也是文化传承、情感交流以及生活体验的重要组成部分。从古至今，人们对味道有着无尽的好奇心和探索欲，"味道书院"丛书便是为满足这种好奇心而诞生。

　　这套丛书将带领读者走进一个丰富多彩的味道世界，探索那些我们日常所熟知的味道背后隐藏的秘密。书中详细解析了酸、甜、苦、辣、咸、香、臭这7种味道是如何被我们的感官捕捉，又是怎样影响着我们的生活选择与健康状态。每一种味道都有其独特的魅力和意义：酸不仅仅是醋的味道，它还能在一杯发酵乳酸饮料中唤醒你的清晨；甜不只是糖的甜蜜，它还能是家人团聚时的一块蛋糕带来的温馨；苦不是药物的专利，它能在一杯精心烘焙的咖啡中找到深邃与回味；辣，不仅是辣椒带来的热辣刺激，它还是中国饮食文化中的一个小小符号；咸是大海的味道，它能在一口鲜美的海鲜中让你感受到大自然的馈赠；香不是香水的专属，它还是花朵散发的让你陶醉的芬芳气息；臭不只是臭虫爬过后留下的令人皱眉的异味，它还是特定美食中承载的文化记忆与独特风味。

　　此外，"味道书院"丛书还特别关注现代社会中新兴的味道概念及其应用领域，如甜味剂这类人工调味品的研发进展，以及由谷氨酸等氨基酸引发的海鲜味道是如何被生产出来的，等等。这些内容不仅体现了科学技术的进步，也反映了人们对于愈加丰富多样的味觉体验的追求。

为了便于读者全面地了解味道的本质及其在生活中的广泛应用，编委会依托《中国大百科全书》第三版中食品科学与工程、化学、生物学、中医药、园艺学、渔业等多学科的权威内容，精心策划并推出了"味道书院"丛书。采用图文并茂的形式，将复杂的科学知识转化为易于理解的内容，适合广大读者阅读，为读者提供了一个深入了解和全面认识味道科学的平台。

味道书院丛书编委会

目 录

第 5 章　芳香化湿药　135

序

食品感官评价

食品感官评价是利用感觉器官，通过嗅、味、触、听、视对食品的感官特性进行评价的过程。其本质是科学地量度和分析人们接触食品时，感觉器官所感知的各种物性反应。

根据主要目的及适当用途，可将食品感官评价分为三大类，即差别检验、描述性分析检验、消费者感官检验。

差别检验是感官分析中最常使用的一类方法，其目的是确定两种（或以上）的产品之间是否存在整体上或某一感官特性上的差异；或检验产品之间是否相似。主要用于食品成分、加工、处理等变化前后、储藏前后或储藏不同时段的比较，质量控制中产品与标准样品的比较，以及确定经原辅料替换后的产品是否相似等。差别检验可以分为总体差别检验和性质差别检验。总体差别检验是不对产品的感官性质进行限制，没有方向性，主要包括三点检验、二－三点检验、五中选二检验、"A"－非"A"检验、简单差别检验、相似性检验等。性质差别检验是检验限定食品的某个感官性质在产品间是否有可以感觉到的差异，主要包括成对比较检验、逐步排序检验、简单排序检验及尺度评定方法等。

描述性分析检验，是根据感官所能感知到的食品的各项感官特征，用专业术语形成对产品的客观描述。描述性分析检验方法是感官科学家的常用工具，采用的是与差别检验等完全不同的感官评价原则和方法。描述性分析检验法要求评价食品的所有感官特性，包括：①外观色泽，嗅闻的气味特征。②品尝后口中的风味特征（味觉、嗅觉及口腔的冷、热、收敛等知觉和余味）。③产品的组织特性及质地特性（包括硬度、凝聚度、黏度、附着度和弹性 5 个基本特性及碎裂度、固体食物咀嚼度、半固体食物胶黏度 3 个从属特性）。④产品的几何特性（包括产品颗粒、形态及方向特性，是否有平滑感、层状感、丝状感、粗粒感等，以及反映油、水含量的油感、湿润感等特性）。描述性分析检验通常可依据是否定量分析而分为简单描述法和定量描述法。在检验过程中，要求评价员除具备人体感知食品品质特性和次序的能力外，还要具备对描述食品品质特性专有名词的定义及其在食品中的实际含义的理解能力，以及对总体印象或总体风味强度和总体差异分析能力。

消费者感官检验主要用于比较不同样品间感官质量的差异性以及消费者对样品的喜好程度的差异，主要分为偏好检验和可接受性或喜好检验两种基本类型。偏好检验要求评价员在多个样品中挑选出喜好的样品或对样品进行评分，比较样品质量的优劣；可接受性检验要求评价员在一个标度上评估其对产品的喜爱程度，不一定要与其他产品进行比较。消费者检验在食品感官评价中具有重要意义，通常伴随差别检验和描述性检验进行，但有时也会独立进行。消费者检验在新产品的研究开发、市场研究等方面应用广泛。

第1章

香精

香精是由香料和（或）香精辅料调配而成的具有特定香气和（或）香味的复杂混合物。

◆ **分类**

根据香精的用途不同，主要分为食用香精、日用香精和其他香精。食用香精包括烟用香精、药用香精、酒用香精和食品香精；日用香精包括香熏、洗涤日用品香精、空气清新剂香精和化妆品香精；其他香精用于塑料、橡胶、人造革、纸张、油墨、工艺品、涂料、饲料等。

以香型为标准，香精分为花香型、非花香型和动物香型。花香型香精具有多种类型，大多数是在对天然花香加以模仿的基础上调配的，主要有玫瑰、栀子、金合欢、风信子、桂花、依兰、丁香等；非花香型香精以食品香型、酒香型、幻香型、果香型和檀香等为代表；动物香型主要有麝香、龙涎香和灵猫香、海狸香。

按形态不同，香精分为液体香精和粉末香精，液体香精又可分为水溶性香精、油溶性香精、乳化香精；粉末香精主要用于制作饼干、糕点、固体饮料、快餐食品、休闲食品等。

◆ **调配**

成熟的香精配方包括头香、体香、基香。头香又称顶香，是对香料或香精嗅辨中最初片刻的香气印象，一般是一些挥发度高、香气扩散力好的香料，常用的头香剂有辛醛、壬醛、癸醛、十一醛、十二醛等高级脂肪醛，以及柑橘油、柠檬油、橙叶油等天然精油。体香是香精的中段香韵，是香料或香精的主体香气，一般是香精的特征香气。基香又称底香或尾香，是香料或香精的头香和体香挥发后留下的最后香气，基香加入各种香精中可使留香较为持久，这种香气一般由挥发性较差的香料或定香剂所产生。

◆ **研究与应用市场**

中国使用香料的历史可以追溯到五千年前，最初，人们能够采集树皮草根作为医药用品驱疫避秽，尔后开始重视植物挥发出来的香气，并把这些物质用于祭祀、敬天和丧葬等方面，后来逐渐用于饮食、装饰和美容。中国的香精香料工业体系在 20 世纪 50 年代以后逐步形成。随着中国加入世界贸易组织（WTO）和改革开放的不断深入，中国香料香精生产企业不断增加，形成了国有股份制、集体、民营、外商独资或者合资多元化投资新格局。随着国民经济的发展以及人民生活水平的提高，轻工加香产品范围也不断扩大，促使中国香料香精工业迈入新的发展阶段。香料香精行业是国民经济的重要组成部分，具有科技含量高、配套性强、与其他行业关联度高等特点。香料香精产品广泛应用于食品、纺织、皮革、造纸、医药、烟草、油墨、日化等行业中，渗透于人们的生产生活中。

香 基

香基是由多种香料组合而成香精的主剂。又称香精基、基香剂、主香剂。

与香精相比，香基的浓度高，香气强度更强。由于香基仅作为香精的香气主要组分，因此其是配制香精的基础，又称香精的半成品。香基分为花香型、非花香型和动物香型等，例如桂花香基、玫瑰香基、草莓香基、杧果香基、牛肉香基、鸡肉香基、麝香香基等。

具有主香剂作用的香料香型必须与所配制香精香型相一致。在香精中，有的只用一种香料做香基，如调和橙花香精往往只用橙叶油作主香剂。但多数情况下是用多种至数十种香料作主香剂，如调和玫瑰香精，常用香叶醇、香茅醇、苯乙醇、香叶油等数种香料作主香剂。根据香精的不同需求，在香基中加入其他香原料以及溶剂等，使得香精整体香气更加贴合所需要的香精气息。

日用香精

日用香精是由多种日用香料（包括某些辅料或添加剂）按一定配方比例调制而成、具有一定的香气香型和适用于某种加香用途的混合物。

◆ **制备**

日用香精的制备主要以调配为主，而香精的调配须建立在一定的辨香能力的基础上。调香师应通过熟知香原料（天然和合成），再经历一定时间的仿香锻炼实践后，再进入创香的配方调配阶段。仿香和创香都是香精调配的工作范畴，都要结合应用试验来进行。香精调配有一定的要求和方法，这也是调香技术的具体表现。创造一款好的香精，首先要了解其香韵、香型及香气分路，全面了解该香精所使用的天然和合成香料，熟悉它们的特征香气并加以记忆。同时根据嗅辨实践所积累的感性知识和经验，明确仿配和创拟香精的香韵和香型，来选择原料进行调配，与此同时了解高级原料和低级原料之间的香气区别，最终完成具有崭新创意和吸引力的香精。

◆ **分类**

日用香精的调配，按其香气类别，总的可分为"花香型"和"非花香型"；按其香韵香气，可划分为"单一香韵"和"复合香韵"。单一香韵配方的香精基本上是仿制某一种天然香料的香精配方（如调配精油）。复合香韵是指具有两种或两种以上不同香韵的香精配方，可以是两种或两种以上的花香（如玫瑰－茉莉和铃兰－玫瑰－茉莉等）或非花香（如药草香－木香－龙涎香和醛香－木香－麝香等），或既有花香又有非花香（如栀子－紫罗兰－果香－麝香和薰衣草－香柠檬树苔－膏香－龙涎香等）的香精配方。

饲料用香精

饲料用香精是添加在饲料中的香精。属于食用香精的一种。

饲料香精有别于一般的食用香精，它必须符合动物的各种习性，能满足动物对香气的要求。

◆ 作用

饲料用香精有助于提高动物的采食量，改善饲料尤其是非常规蛋白质原料的适口性，掩盖异味，提高饲料的质量，缓解因高温、高湿、疾病等所引起的应激反应等作用。为了使猪、牛等尽早断离母乳改用人工乳喂养，对于配合饲料除了要求营养均衡和饲养效率高之外，提高对于幼畜的嗜好性自然也是很重要的。

◆ 分类

液体香精

液体香精用喷雾法洒在饲料香味素中时，香气会很好地散发出来，但不易持久，必须防止香味素在贮存过程中因香味挥发而散失，所以液体香精必须是由留香较好的香料配制而成。液体香精贮存时要密闭，避开热源和强烈的阳光照射。

粉末香精

粉末香精是先把香精使用胶体物质制成乳液，然后用喷雾干燥法制成粉末，这种粉末香精因有胶囊包裹，故易于保存，且挥发性小，可用于伴有加热的粒状饲料中。粉末香精贮存时要密闭存放。

◆ 应用

饲料用香精主要用于：①鸡饲料香精。以大蒜香精为主。②猪饲料香精。以牛奶香精为主。③鱼饲料香精。以虾香精、贝类香精为主。

定香剂

定香剂是香精的组成之一。可能是一种"单一"的化合物，或是两种或两种以上的化合物组成的混合物，或是一种天然混合物。

定香剂在香精中的作用是使香精中的某些容易挥发的成分减慢其挥发速度，从而使整个香精的挥发期限较不加入该定香剂者有所延长；或者是使整个香精的挥发过程中都带有某一种香气。

◆ 来源

二氢茉莉酮酸甲酯问世后，在最开始的短时间内并未引起足够的重视，因为它的香气并不强烈，但留香持久，调香师自然而然把它放在"基香"香料里。那时，调香师的注意力集中在那些香气强度（香比强值）大而价格又相对低廉的合成香料上，例如二氢月桂烯醇就符合这个要求，几乎每个调香师都试着用二氢月桂烯醇调配出自己喜欢的独特的新香精。但二氢月桂烯醇留香时间很短，比芳樟醇还差，按法国调香师朴却（William Poucher）的分类法，应被列为"头香"香料。之后的调香师们发现，二氢茉莉酮酸甲酯即使少量加入一般的日用香精中，也能使头香圆和、清甜；而当它大量存在于香精中时，仍不会喧宾夺主。二氢茉莉酮酸甲酯以单一成分即可被调香师视为完整香精。有人称 20 世纪 80 年代为香料界的"二氢茉莉酮酸甲酯时代"。后来，调香师们把类似二氢茉莉酮酸甲酯这样的香料称为定香剂。

◆ 分类

真正定香剂

运用它的高分子结构的吸附作用，来延缓香精中其他成分蒸发作用的物质。这类定香剂的典型品种为安息香树胶树脂。

专门定香剂

这类定香剂本身具有一种特殊香韵，加入香精中后，能使该香精在整个蒸发过程中都带有这种特殊香韵。这类定香剂对延缓香精的蒸发期限的作用并不显著。典型的"专门"定香剂如橡苔浸膏、橡苔净油。

提扬定香剂

这类定香剂在香精中是作为"香气的载体"或增效剂来使用的，使香精的其他组成的香气有所增强和改善，同时使香精整个香气扩散力与持久力都有所提高。这类定香剂常用于香水香精，典型的品种如天然麝香、灵猫香。

假型定香剂

这类定香剂多半是无嗅或者香气较弱的结晶体或黏稠液态物质，沸点较高。用在香精中，能起到提高香精沸点的作用，它们本身的香气（如果有的话）对香精的香气仅起次要作用，还能使香精中某些香气的不够平衡与粗糙之处有所改善，这类定香剂虽不够理想，但使用较广。典型的品种如邻苯二甲酸二乙酯、枞酸甲酯、脂檀油等。

◆ **作用**

定香剂可使香料的香气稳定、挥发性均匀、留香持久，是调和香精的重要组成部分，常用于香水等一些化妆品中。麝香、灵猫香、海狸香、龙涎香等动物性天然定香剂不但能使香精香气留香持久，还能使香精的香气变得更加柔和圆熟，特别是将它们用于高级香水中，可使香水香气具有某种"生气"，更加温暖而富有情感，深受人们的喜爱。

其他接触口腔和唇的香精

其他接触口腔和唇的香精是可以专门用于接触或有可能接触口腔和嘴唇制品加香的食用香精。

主要包括牙膏、漱口水、唇膏、餐具洗涤剂用香精等。与食品用香精、饲料用香精同属于食用香精分类范畴。

烟用香精

烟用香精是在烟草制品的加工过程中，用两种或两种以上香料、适量溶剂和其他成分调配而成具有增强或修饰烟草制品风格或改善烟草制品品质的混合物。

烟草香精主要分为：①加香香精。在烟草制品加香工艺中添加的烟用香精，经工艺处理和烘干后的烟丝中，以增进卷烟的嗅香和抽吸时的特征香气。②加料香精。在烟草制品加料工艺中添加的烟用香精，具有改进烟草吃味、增强韧性、提高保润性、改善燃烧性和减少碎损等作用。

在实际应用中，烟用香精使用的香料分为天然烟用香料和合成烟用香料。当进行烟草加料香精配制时，根据加料技术的不同，分为调味、增香、保润、助燃和防霉5种类型；当进行烟草表香香精（即加香香精）调配时，根据烟香而确定配方，如清香型传统烤烟、浓香型传统烤烟和混合型烟所应用的烟草表香香精应有其各自的香气特点。

第 2 章

香料

香料是能被嗅出气味或味觉品出香味的有机物，是调制香精的原料。可以是单体，也可以是混合物。又称香原料。

在香料工业中，为便于区别原料和产品，把一些采自自然界动、植物或经人工合成而得到的发香物质叫作香料。例如麝香、龙涎香等为动物性香料，柠檬油、橘子油等为植物性香料，丁香酚、香樟素等为单离香料，乙酸戊酯、丁酸乙酯等为合成香料。

◆ **特点**

香料是一类特殊的食品添加剂，品种多、用量大，大多存在于天然食物中。香料的香气特征与其分子量、化学结构或官能团等性质有关。

◆ **分类**

香料按来源分成天然香料和合成香料两大类。天然香料又分为动物性香料、植物性香料、单离香料、用生物工程技术制备的香料，合成香料又分为天然级香料、天然等同香料、非天然等同香料。植物性香料品种繁多，在科学研究或工业生产中被利用的有 200 余种。这些植物性香料来自植物的不同组织，如花、果、叶等。单离香料是以天然香料作为原料，通过物理或化学方法分离而制得的较单一的成分，如丁香酚、檀香醇、黄樟素等。合成香料是以单离香料及煤焦油系成分为原料,经复杂的化学变化而制得,如香豆素、香兰素、杨梅醛、苯乙醇等。调和香料是以天然香料和人造香料为原料,经过调香配制而成的产品,又称混合香精。调和香料可以按其香气类型分类,如柠檬、橘子、茉莉、玫瑰等;或按其用途分类,如化妆品用、食用、香烟用等。

天然香料

天然香料是取自植物、动物或微生物作用的底物(大多数情况包括微生物),以产生一定香气或香味的物质。有的在未加工处理前,本身已经具有某种特征香气或香味,有的则是经酶作用过程衍生的产物。

◆ 简史

古代人类使用的都是天然香料。第一次世界大战后才开始发展合成香料。玫瑰、茉莉、晚香玉、香根和鸢尾等仍是时下流行的花香型天然植物香料,也是素心兰型和东方香型等各种日用香精的重要成分。随着人们消费观念的改变,考虑到化学合成物质的安全性及环境问题,化学合成香料的用量逐渐减少。而天然香料的应用日益广泛。天然香料以其绿色、安全、环保等特点受到人们的喜爱。世界天然香料产量正以每年 10% ～ 15% 的速度递增。中国拥有丰富的植物性天然香料资源,有500 余种芳香植物广泛分布于 20 个省市,由于提取加工工艺落后,只有部分香料资源被开发利用。很多植物性天然香料只能做到初步提取,而且收率和纯度都较低;甚至有一些产品被运到国外进行深加工。不仅导致中国市场植物性天然香料紧缺，而且严重浪费中国的宝贵资源。21世纪初，瑞士、美国、德国、日本和韩国等国家对天然香料的应用研究很活跃，主要趋向于研究天然香料的功能性，如免疫性、神经系统的镇静性、抗癌性、抗老化性、抗炎性和抗菌性等。

◆ 分类

天然香料包括动物性和植物性天然香料两大类。动物性天然香料最常用的商品化品种有麝香、灵猫香、海狸香和龙涎香。植物性天然香料是以植物的花、果、叶、皮、根、茎和种子等为原料提取出来的多种化学成分的混合物。

精　油

精油是从香料植物的根、花、茎、叶、枝、木、皮、果、籽或泌香动物中加工提取所得到的挥发性含香物质制品的总称。精油主要分为除萜精油、精馏精油、浓缩精油、配制精油、重组精油。

◆ 除萜精油

除去精油中所含的部分或全部单萜烯类和倍半萜烯类成分后得到的精油。为提高某些精油在低浓度乙醇或某些食用有机溶剂中的溶解度，并使其用于低浓度乙醇加香剂或在含水量较高的饮料中能呈澄清溶液而不发生油/水分层，或者为提高或改进精油的主要香气与香味，或者使得精油在贮藏时不易产生酸败气息或生成树脂状聚合物等，通常采用减压分馏法、选择性溶剂萃取法或分馏－萃取联用法将精油中所含的单萜烯类化合物或倍半萜烯类化合物除去或除去其中的一部分，处理后得到的精油称为除萜精油和除倍半萜油。

◆ 精馏精油

经过减压分馏工艺后除去其中某些香气不宜的组分，但不改变该精油原有的主要性质而得到的精油。

◆ 浓缩精油

为满足某些香精调配时香气或香味以及强度的要求，采用真空分馏、萃取或制备性层析等方法，将精油（原油）中某些无香气或香味价值低的成分除去后得到的精油成品，称为 浓缩精油。根据浓缩的程度，又称为"两倍""五倍"或"十倍"精油等。

◆ 配制精油

天然精油因多种原因不能保持稳定地供应，采用人工调配的方法来代替或部分代替某些精油品种，制成香气和质量均接近于同种天然精油的产品。

◆ 重组精油

采用一定的方法除去天然精油中对人体皮肤有害的成分，根据实际情况补充其他必要的组分，从而使其质量符合原使用要求。

香芹酮

香芹酮是具有特有的留兰香香气的液体，分子式是 $C_{10}H_{14}O$。属单环单萜。有一个手性中心，存在一对对映体。左旋、右旋和消旋的香芹酮在自然界中都存在。左旋 (−) 体的构型为 R，存在于留兰香等精油中；右旋 (+) 体的构型为 S，存在于莳萝、葛缕子等油中；来自姜油的则为消旋体。

香芹酮溶于一般有机溶剂，不溶于水。左旋 (-)- 香芹酮沸点 231℃；比旋光度 $[\alpha]_D^{20}$-60.1（乙醇）；相对密度 0.9593（20/4℃）。右旋 (+)- 香芹酮沸点 231℃；比旋光度 $[\alpha]_D^{18}$+61.7（乙醇）；相对密度 0.965（20/4℃）。(±)- 香芹酮沸点 231℃。香芹酮可由天然精油精馏后，再经结晶性亚硫酸氢钠加成物分离纯化而得。

香芹酮主要用于香精。手性纯的香芹酮，尤其是易得的左旋 (-)- 香芹酮，也广泛用于手性纯化合物的合成。

薄荷醇

薄荷醇是薄荷和欧薄荷精油中的主要成分，以游离和乙酸酯的状态存在。其分子式是 $C_{10}H_{20}O$。属单环单萜。又称薄荷脑、左旋薄荷醇（(-)-薄荷醇）。无色针状结晶或颗粒。熔点 41 ～ 43℃，沸点 212℃。比旋光度 $[\alpha]_D^{18}$-50（10% 乙醇溶液）。极易溶于乙醇、氯仿、乙醚、石油醚、冰醋酸，微溶于水。

◆ 旋光异构体

薄荷醇有 3 个手性中心，因此存在 8 种旋光异构体，除 (-)- 薄荷醇的对映体 (+)- 薄荷醇外，还有各一对的异薄荷醇、新薄荷醇和新异薄荷醇。它们的呈香性质各不相同。左旋薄荷醇具有特征的薄荷香气，有清凉的作用。消旋薄荷醇也有清凉作用，其他的异构体无。薄荷醇的对映体除比旋光度外均具有相同的物理性质；纯对映体与其消旋体的熔点不同；非对映立体异构体的沸点相差很小，但可用蒸馏分开（新

薄荷醇沸点 211.7℃，新异薄荷醇 214.6℃；薄荷醇 216.5℃，异薄荷醇
218.6℃）。薄荷醇用铬酸氧化或催化脱氢可得薄荷酮。消旋薄荷醇的
工业拆分可通过苯甲酸酯化法。

◆ 生产方法

薄荷醇是一种重要的香料，有多种生产方法。

从薄荷油制造。将薄荷油冷冻后析出结晶，离心所得结晶用低
沸溶剂重结晶可得纯左旋薄荷醇。除去结晶后的母液中仍含薄荷醇
40%～50%，还含较大量的薄荷酮，它们经氢化后转变为左旋薄荷醇
和右旋新薄荷醇的混合物。将酯的部分皂化，经结晶、蒸馏或制成硼酸
酯后，分去薄荷油中的其他部分，可得到更多的左旋薄荷醇。

从香茅醛制造。利用香茅醛易环化成异胡薄荷醇的性质，将右旋香
茅醛用酸催化剂（如硅胶）环化成左旋异胡薄荷醇，分出左旋异胡薄荷
醇，再经氢化生成左旋薄荷醇。其立体异构体经热裂解可部分再转变成
右旋香茅醛，再循环使用。

从麝香草酚制造。麝香草酚经氢化可得所有4对薄荷醇立体异构体。
消旋薄荷醇可用蒸馏法与其他3对异构体分开，剩下的异构体混合物在
麝香草酚氢化条件下可平衡成消旋薄荷醇、消旋新薄荷醇、消旋异薄荷
醇，比例为6:3:1。新异薄荷醇含量很少，可不计。从以上混合物可
再分出消旋薄荷醇。消旋薄荷醇经苯甲酸酯饱和溶液或其超冷混合物以
左旋酯接种结晶，分开后皂化，得纯左旋薄荷醇；不要的右旋薄荷醇及
其他异构体，可再按氢化条件平衡转变为消旋薄荷醇。

◆ 应用

左旋薄荷醇由于其清凉效果，大量用于香烟、化妆品、牙膏、口香糖、甜食和药物涂擦剂中，其酯也用于香料和药物。

茉莉酮

茉莉酮是具有茉莉花香的油状液体，存在于茉莉花精油的挥发部分。分子式是 $C_{11}H_{16}O$。属单五元碳环单萜。沸点 146℃（3.60 千帕）。主要用于调制化妆品用的香精。

香茅醛

香茅醛是有柠檬样香气的液体，存在于多种精油中，其中以香茅油、桉树油、柠檬油中含量最高。分子式是 $C_{10}H_{18}O$。属无环单萜。香茅醛有两种双键位置异构体 α 和 β，天然香茅醛主要以 β 体存在。香茅醛还有一个手性中心，存在一对对映体，由香茅油中分得的为右旋 (+)-(R)-香茅醛。

香茅醛溶于一般有机溶剂，不溶于水。右旋 (+)- 香茅醛沸点 205℃，90℃（1.867 千帕），47℃（133 帕）；比旋光度 $[\alpha]_D^{25}$+11.5（纯）。香茅醛可由天然精油真空精馏后，再经结晶性亚硫酸氢钠加成物分离而得。工业上也可从柠檬醛选择性氢化获得，还可由香茅醇氧化制备。香茅醛主要用于调制香皂和化妆品用的香精。手性纯的香茅醛由于价廉易得，因而也在手性纯化合物的合成上获得了广泛的应用。

柠檬醛

柠檬醛存在于枫茅油和山苍子油中，为两种 2 位双键顺反异构体 α- 柠檬醛和 β- 柠檬醛约为 2∶1 的混合物。分子式是 $C_{10}H_{16}O$。属无环单萜。

α- 柠檬醛，又称香叶醛，为带柠檬香气的无色油状液体，在空气中易氧化变黄。密度 0.8888 克 / 厘米^3（20℃）。沸点 229℃，92 ～ 93℃（346.6 帕）。可经结晶性亚硫酸氢钠加成物分离或从香叶醇氧化得到。

β- 柠檬醛，又称橙花醛，密度 0.8860 克 / 厘米^3（20℃），沸点 91 ～ 92℃（346.6 帕），可从橙花醇氧化得到。α- 柠檬醛用氨性氧化银氧化得香叶酸。

工业上制取柠檬醛的方法：①从精油中分出。②从工业香叶醇（及橙花醇）用铜催化剂减压气相脱氢得到。③从脱氢芳樟醇在钒催化剂作用下合成，脱氢芳樟醇可由甲基庚烯酮与乙炔合成制得。

柠檬醛可用于制造柑橘香味食品香料，因易氧化并聚合变色，只用于中性介质中；还用于合成异胡薄荷醇、羟基香茅醛及维生素 A 的原料紫罗兰酮。

香叶醇

香叶醇是香叶油、玫瑰油、牻牛儿苗油、柠檬草油和香茅油等的主要成分。分子式是 $C_{10}H_{18}O$。属无环单萜。

在自然界以游离或结合态存在。香叶醇的沸点 229℃，114 ～ 115℃

（1.6 千帕）。密度 0.8894 克 / 厘米 ^{3}（20℃）。几乎不溶于水，与乙醇、乙醚混溶。香叶醇的双键异构体称为橙花醇，存在于橙花油、柠檬油和其他多种植物的挥发油中，沸点为 225℃，125℃（1.6 千帕）；相对密度为 0.8813（15/4℃）。

香叶醇和橙花醇在铜催化剂下加热，可重排成香茅醛。香茅醛可还原成香茅醇，或水合成羟基香茅醛。在真空下将香叶醇和橙花醇蒸气通过铜催化剂脱氢得柠檬醛。香叶醇、橙花醇与金属醇化物加热，可发生异构化；用高锰酸钾氧化，主要生成丙酮、甲酸和乙酰丙酸；与稀磷酸作用，生成消旋柠檬烯。香叶醇乙酸酯用脱水剂（浓硫酸、浓磷酸）处理，环化生成环香叶醇酯。

天然的香叶醇主要从香茅油中分馏得到，并可通过其氯化钙加成物纯化。工业上生产香叶醇，以月桂烯为原料。月桂烯的伯氯代物与乙酸钠共热，得到香叶醇和橙花醇的乙酸酯混合物。

然后将此粗酯皂化，再蒸馏得约含 60% 香叶醇和 40% 橙花醇的混合物，小心分馏可得高品级的香叶醇。用 α- 蒎烯为原料，通过芳樟醇可生产高质量的香叶醇。

香叶醇和橙花醇在工业上用作香料，也是制造香草醇、香草醛、柠檬醛、羟基香草醛、紫罗兰酮和维生素 A 的原料。

麝　香

麝香为麝科动物林麝、马麝或原麝雄体香囊中的固态结晶分泌物。

麝一般栖于多岩石处或针叶林和针阔混交林，以松树、冷杉和雪松的嫩枝叶、地衣、苔藓、杂草及野果等为食。在荫蔽、干燥而温暖处休息，在其栖息地有集中排粪地点。麝在早晨及黄昏活动，白天休息。平时雌雄独居，而雌兽常与幼兽在一起。善于跳跃，视觉、听觉灵敏，性懦怯。林麝具攀登斜树的习惯。麝受到惊扰后即使被迫离开栖息地，也会在惊扰消失后回到原来的栖息地。雄麝2岁开始分泌麝香，3岁以后产香量增加，10岁左右达到泌香高峰期。每年8~9月为泌香盛期，10月至翌年2月泌香较少。泌香盛期每只麝的麝香囊可分泌10~20克麝香。

取香分猎麝取香和活麝取香两种：①猎麝取香。捕到野生成年雄麝后，将腺囊连皮割下，将腺囊被毛剪短，阴干，习称"毛壳麝香""毛香"；剖开香囊，除去囊壳后获得的麝香习称"麝香仁"。②活麝取香。在人工饲养条件下将活麝物理保定，用酒精消毒腺囊开口，用挖勺伸入囊内徐徐转动挖出麝香仁。麝香仁除去杂质后干燥、密闭保存。

麝香呈棕褐色或黄棕色，团块中偶有方形柱八面体或不规则晶体，无锐角，并可见圆形油滴，有时也可见毛及皮层内膜组织。麝香有一种特异的香气，浓烈且经久不散；久闻则有骚臭气，味稍苦而微辣。以仁黑、粉末棕黄、香气浓烈、富油性者为佳。

麝香性温、味辛，归心、脾经，开窍醒神，活血通经，消肿止痛。用于热病神昏、中风痰厥、气郁暴厥、中恶昏迷、经闭、症瘕、难产死胎、胸痹心痛、心腹暴痛、跌扑伤痛、痹痛麻木、痈肿瘰疬、咽喉肿痛。内服用量0.03~0.1克，多入丸散用。有400种中药以麝香为原料。天然麝香由于养殖产量有限，仅限于安宫牛黄丸、苏合香丸、西黄丸、麝香保心丸、片仔癀、云南白药、六神丸等经典中成药使用。

麝香酮

麝香酮是麝香的主要成分，分子式是 $C_{16}H_{30}O$。

麝香酮是微黄色油状液体，有强烈的麝香香气。沸点 329℃。极微溶于水，能与乙醇混溶。其化学结构由 L. 卢齐卡首先阐明，它是在 3 位上有一个甲基取代基的十五环酮。由麝香提取的天然麝香酮为左旋体，其绝对构型为 R，现也可由人工合成获得，(-)- 麝香酮可用 (+)- 香茅醛为起始原料进行不对称合成，通过闭环成十五元环得到。天然麝香是由鹿科动物林麝、马麝或原麝成熟雄体香囊中的干燥分泌物，其用于香水和药物已有数千年。由于获得天然麝香需要杀死濒临灭绝的动物，用于香水的麝香几乎都由人工合成。

龙　脑

龙脑为双环单萜仲醇。又称冰片。化学名称为莰醇 -2，分子式为 $C_{10}H_{18}O$，相对分子质量 154.25。

龙脑为无色透明或半透明块状、片状或粉末状结晶体，以游离或酯的形式存在于植物体中，有类似樟脑的气味，有清凉感；具有挥发性（升华），点燃时有黑烟，气清香，味清凉；易溶于乙醇、汽油、氯仿或乙醚，几乎不溶于水。

根据生产原料和加工方法，龙脑分为天然龙脑和合成龙脑。通常所称龙脑主要指天然龙脑。龙脑具旋光性，分为右旋龙脑（梅片）和左旋龙脑（艾片）。右旋龙脑，由樟科植物龙脑樟的新鲜枝叶经水蒸气蒸馏及重结晶加工制成。左旋龙脑，由菊科植物艾纳香的新鲜茎叶经水蒸气蒸馏及重结晶加工制成。《中华人民共和国药典》（2015版）规定：天然冰片（右旋龙脑）中右旋龙脑不得低于96%，左旋樟脑不得超过3.0%。天然冰片（左旋龙脑）中左旋龙脑不得低于85%，左旋樟脑不得过10%，异龙脑不得超过5%。工业合成龙脑，主要以松节油为原料经半合成制得，通常为消旋体，其规格分工业级和药用级两类。《中华人民共和国药典》（2015版）规定：合成龙脑中龙脑不得少于55.0%，樟脑不得高于0.5%，熔点205～210℃。

龙脑味辛、苦，微寒；归心、肝、肺经；清香宣散，具有开窍醒神、清热散毒、明目退翳的功效。主治热病高热神昏、中风痰厥惊痫、暑湿蒙蔽清窍、喉痹耳聋、口疮齿肿、疮痈痔疮、目赤肿痛、翳膜遮睛。龙脑在古代被用于熏香、墨的香料，以及医药等方面。龙脑除应用于医药外，还广泛应用于化妆品、日用品、香精、香料等方面。

茶树油

茶树油是桃金娘科白千层属植物互叶白千层的新鲜枝叶经水蒸气蒸馏得到的无色至淡黄色精油。又称互叶白千层精油。

茶树油具有特征香气，易溶于乙醇，相对密度（20℃）0.885～0.906，折光指数（20℃）1.475～1.482，比旋光度（20℃）+5°～+15°。鲜叶出油率为1%～3%。

茶树油含有近百种化学成分，主要成分为4-松油醇，还含有1,8-桉叶素、α-松油烯、γ-松油烯、α-松油醇、α-蒎烯、对伞花烃等。其中，4-松油醇具有杀菌消毒的功效，4-松油醇和1,8-桉叶素含量是评价茶树油质量的重要指标。

茶树油应用广泛，在食品中用于饮料、糖果、烘焙食品的加香；在日化产品中用于香水、日用品、化妆品、家用清洁剂、杀菌剂、驱虫和杀虫剂，以及宠物卫生用品；在医药行业用于外用抗菌剂、牙科治疗，缓解风湿痛和神经痛，以及口服祛痰剂、肠炎腹泻药、滋补剂等；此外，茶树油还能作为饲料添加剂促进畜禽进食。

茶树油原产于澳大利亚，中国、印度也有生产。中国主产区在广东、广西等地，其中 2016 年广西产量约 40 吨，主要用于出口。

柏木油

柏木油是柏木、杉木的根、茎、枝、叶经水蒸气蒸馏等方法得到的无色或微黄色精油。

中国香料行业将柏科、杉科植物中许多品种的树干、树根中提取得到的精油通称为柏木油。主成分为柏木脑、α- 柏木烯、β- 柏木烯、罗汉柏烯等。

柏木油为无色至浅黄色清澈液体，具有柏木特征性香气，可溶于乙醇，闪点为 100℃。符合中国柏木油标准（ISO 9843：2002）的柏木油，相对密度（20℃）0.938 ～ 0.960，折光指数（20℃）1.5000 ～ 1.5080，旋光度（20℃）-35°～ -20°。主成分含量为 α- 柏木烯 +β- 香扁柏烯 13% ～ 29%，β- 柏木烯 4% ～ 11%，罗汉柏烯 18% ～ 39%，花侧柏烯 1% ～ 3%，柏木脑 10% ～ 20%，羽毛柏醇 0.5% ～ 3%。

柏木油主要来源于美国的刺柏、侧柏和中国的扁柏、杉木等。柏木油的制取方法有水蒸气蒸馏、溶剂提取、亚临界低温萃取、干馏等。

柏木油能缓解皮肤瘙痒，有平息和抚慰神经的功效，对焦虑和神经紧张有帮助。古代埃及人将柏木油用于制作木乃伊、化妆品和作为驱虫剂。早期美洲人在医学方面，通过点燃柏木油进行消毒净化。柏木油是香料行业中应用广泛的定香剂和协调剂，还可用于提取柏木脑、α- 柏木烯，以及合成柏木酮、甲基柏木酮、甲基柏木醚、乙酸柏木酯等香料，也常作为杀虫剂、消毒剂、室内喷雾剂的原料。

山苍子油

山苍子油是樟科木姜子属植物山苍子成熟果实（假种皮）经水蒸气蒸馏得到的浅黄色至黄色的精油。又称木姜子油、山胡椒油。

山苍子油主要成分为柠檬醛，通常由互为异构体的反式柠檬醛（柠檬醛 a，香叶醛）和顺式柠檬醛（柠檬醛 b，橙花醛）组成。山苍子油主产于东亚，中国是山苍子油的最大生产国和出口国。2008 年以来，中国年产量约为 2500 吨，出口量约为 1500 吨，约占世界贸易量的 70%。

◆ 山苍子果实

山苍子果实近球形，直径约 5 毫米，无毛，幼时绿色，成熟时黑色，果期 7 ~ 9 月。山苍子果实中的精油含量为 3% ~ 6%（质量分数）。主要成分为柠檬醛，其含量为 60% ~ 80%，最高可达 90%；其他成分包括甲基庚烯酮、香茅醛、α- 蒎烯、莰烯、苧烯、α- 蛇麻烯、对伞花烃、香叶醇、樟脑等。

◆ **提取方法**

山苍子油的提取方法有蒸馏法、超临界流体萃取法、溶剂萃取法、分子蒸馏法等，其中蒸馏法是主要方法。蒸馏法又分为水上蒸汽蒸馏法（水上法）和水中蒸汽蒸馏法（水中法）。水上法是提取山苍子油普遍使用的方法，蒸汽经过冷凝再经油水分离后，可得到山苍子油。山苍子油的相对密度 0.880 ～ 0.905，微溶于水，无毒，具有清鲜香甜的柠檬样果香，强烈但不持久。

◆ **应用**

山苍子油的大量使用始于 20 世纪 60 年代，主要用于香精香料行业，其后逐步拓展到食品、化妆品、日化用品、医药、农药等领域。山苍子油可直接用作日化香精、食用香精、防腐剂、驱虫剂等。山苍子油通过精馏后得到高纯度天然柠檬醛，可进一步合成香料、药物和一系列精细化学品。

桉叶油

桉叶油是采用水蒸气蒸馏法从蓝桉或其他桉属植物的新鲜叶、枝中提取得到的无色至微黄色精油。又称蓝桉油。简称桉油。

桉叶油的主要成分是 1,8- 桉叶素，分子式 $C_{10}H_{18}O$，相对分子质量 154.25。桉叶油中其他成分归属萜烯、萜醇、萜醛、萜酮等。

桉叶油具有 1,8- 桉叶素的特征香气，稍带有樟脑样气息和辛辣凉味，几乎不溶于水，溶于乙醇和油脂，闪点为 50℃，相对密度（20℃）0.895 ～ 0.920，折光指数（20℃）1.4580 ～ 1.4680，比旋光度（20℃）

0° ～ +5°，1,8- 桉叶素含量不小于 80.0%。

生产桉叶油的桉树原产地为澳大利亚，后推广种植至世界各地。中国引种桉树有 100 多年历史，20 世纪末成为全球桉叶油最大生产国，云南、广东、广西、福建等地为中国主产区。由枝叶蒸馏制取桉叶油的树种主要包括蓝桉、直杆蓝桉、大叶桉等。此外，1,8- 桉叶素含量不小于 80% 的油樟精油或其他精油的加工物也被当作桉叶油使用。

桉叶油具有抗菌、抗氧化、促渗、杀虫、驱蚊、止痒及防腐等生物活性，主要用途包括：①在医药领域，用于抗菌、消炎、镇咳、祛痰、镇痛、止痒，治疗流感、感冒、痢疾、肠炎、溃疡等。②在日化领域，用于配制香水、香皂、痱子粉、洗涤剂、皮肤清洗剂、护发剂、牙膏、空气清新剂、家用杀虫剂等。③在食品领域，用于食品香精、口香糖、止咳糖等。④在其他领域，还可用作工业溶剂、清洗剂、矿物浮选剂、环保型胶黏剂、混合燃料等。药用桉叶油技术指标参见《中华人民共和国药典》（2015），食品添加剂用桉叶油参见中国国家标准 GB 1886.33—2015《食品添加剂 桉叶油（蓝桉油）》。

茴 油

茴油是木兰科植物八角茴香的成熟果实和新鲜枝叶经水蒸气蒸馏等加工方法得到的精油。又称八角茴香油、大茴香油。

茴油具有茴脑的特征香气，20℃ 以上时为无色透明或灰白至淡黄色油状液体，微溶于水，可溶于 3 倍 90% 的乙醇、乙醚和三氯甲烷；低温时常浑浊或凝固，呈结晶状；相对密度（20℃）0.975 ～ 0.992，折光指数（20℃）1.553～1.560，比旋光度（20℃）-2°～+2°。主要成分有反式茴脑、顺式茴脑、α-蒎烯、苧烯、芳樟醇、草蒿脑、茴香醛、石竹烯和小茴香烯等，其中反式茴脑含量为83%～91%。

茴油可利用八角叶和八角果提取，鲜叶得油率0.8%～1.0%，鲜果得油率1.5%～4.0%，干果得油率1.5%～10.0%。由于八角果成本较高，工业上较少使用八角果生产茴油。茴油生产工艺有两种，一是直接火加热单锅蒸馏的传统工艺，设备简单易移动，但得油率低，生产时间长且燃料消耗大；二是直接蒸汽加热单锅蒸馏工艺（或双锅串联蒸馏工艺），效率较高。

茴油广泛用于食品、医药、日用品、兽药、饲料、农药等领域，同时还用于提取反式茴香脑及茴香系的各种香料，如大茴香醛、大茴香醇、大茴香酸及其酯类产品。中国是茴油的主要生产国，广西、广东、云南等省区是中国茴油的主产区。

樟　油

樟油是樟科植物樟树的树干、枝叶、树根等原料经水蒸气蒸馏得到的无色或淡黄色至红棕色精油。又称樟树精油。

樟油相对密度为0.858～1.096，几乎不溶于水，易溶于乙醇等有机溶剂，挥发性强。樟树原产于中国，樟油的使用历史悠久，明清时民间已广泛使用。21世纪以来，已逐步形成较大产业。

不同樟树单株所含精油的主要组分存在显著差异。根据组分的化学类型，可将樟树分为芳樟（芳樟醇型）、龙脑樟（龙脑型）、油樟（桉叶素型）、脑樟（樟脑型）、异樟（橙花叔醇型）5 种。

樟树的树叶、小枝、树干或树根均可作为樟油的原料。芳樟枝叶中的精油含量（质量分数，下同）为 1.5% ～ 3%，油樟枝叶中的精油含量为 3% ～ 4%，脑樟枝叶中的精油含量为 0.4% ～ 2%，龙脑樟枝叶中的精油含量为 1% ～ 2.8%。21 世纪以来，中国南方大面积发展矮化作业原料林，每年采集枝叶 1 ～ 2 次作为原料。

樟油可应用于香精香料、医药、食品、化工、卫生杀虫、日化产品、除臭剂、杀菌剂等领域。中国是樟油的主要生产国，越南、马达加斯加、印度尼西亚、马来西亚等国家也有生产。2015 年全球樟油年产量为 6000 ～ 7000 吨，中国年产量为 5000 ～ 6000 吨（其中芳樟油和脑樟油约 2000 吨、油樟油约 3000 吨、龙脑樟油约 50 吨）。

杉木油

杉木油是杉木树干、根和叶经水蒸气蒸馏或干馏提取得到的无色至淡黄色液体或含有晶体的液体。又称杉叶油。

杉木油主要成分为柏木脑、雪松醇、α- 松油醇、乙酸松油酯、α- 松油烯、柠檬烯、对伞花烃、α- 柏木烯、β- 柏木烯、罗汉柏烯、α- 白菖烯、β- 榄香烯、β- 石竹烯等化合物。相对密度（20℃）0.921 ～ 0.945，折光指数（20℃）1.489 ～ 1.510，比旋光度（20℃）-20° ～ +20°。

以杉木锯屑、杉木根为原料，经水蒸气蒸馏得到的杉木油（又称清水杉木油）出油率 0.5% ～ 3%；采用该工艺提取的杉木油香气清新，品质较好，柏木脑含量 30% ～ 50%。经干馏法得到的杉木油出油率

$3\% \sim 4\%$；采用该工艺提取的杉木油带有强烈的焦味，柏木脑含量为 $10\% \sim 15\%$。

杉木油具有杉木特有的木香气，广泛用于化妆品、皂用香精、食品、烟草及各种香料的定香剂，还应用于医药卫生等领域。

樟　脑

樟脑是双环单萜酮类化合物。化学名为莰酮 -2。分子式为 $C_{10}H_{16}O$。相对分子质量 152.24。立体化学上具有右旋体、左旋体和消旋体之分。

樟脑因来源于樟科植物而得名。根据原料和加工方法，分为天然樟脑和合成樟脑两种。天然樟脑大多为右旋体，罕见左旋体和外消旋体；合成樟脑一般为外消旋体。

◆ 简史

明朝李时珍著《本草纲目》中记载："樟脑出韶州、漳州，状似龙脑，色白如雪，樟树脂膏也。"天然樟脑为中国特有产品，使用历史悠久。明末，樟脑产业在中国台湾地区兴起，1863 年左右开始行销海外，直至 20 世纪 70 年代台湾樟脑产量一直居于世界之首。之后，随着天然樟树被列入国家二级保护植物，天然樟脑产量逐渐减少直至消失。20 世纪末，天然樟脑生产进入人工经济林时代，生产量又开始逐渐增加。由于天然樟脑受资源限制，20 世纪初德国首先以松节油中的蒎烯为原料进行樟脑工业合成研究，中国自 50 年代中期开始生产合成樟脑。中国一直是天然樟脑的主产地，2017 年年产量约为 500 吨，主要集中于江西省；中国同样也是合成樟脑的主产地，年产量 1.5 万～ 2 万吨。印度是除中国以外的合成樟脑主要生产国，年产量约 0.7 万吨。

◆ **特性**

通常所说的樟脑主要指天然樟脑；是将樟科植物的枝、干、叶及根等部位粉碎后，通过隔水蒸馏得到粗樟脑后，再经升华提纯得到的白色晶体。合成樟脑主要以松节油（蒎烯）为原料制得。

樟脑为无色至白色半透明结晶体，呈粒状、针状或片状，具黏性，可压制成半透明团或块。加少量乙醇、氯仿或乙醚后易研碎成细粉。易升华，有樟木样香气，刺鼻。味初辛、后清凉。溶于有机溶剂，微溶于水。相对密度：d- 樟脑 0.990（25℃）、l- 樟脑 0.9853（18℃）、dl- 樟脑 0.992。熔点：d- 樟脑 179.8℃、l- 樟脑 178.8℃、dl- 樟脑 175 ～ 177℃，工业合成樟脑要求不低于 165℃。比旋光度依溶剂的性质和溶液的浓度而定：d- 樟脑 +44.1°, l- 樟脑 -43°（c=10，乙醇），天然樟脑 +41° ～ +44°（20℃），工业合成樟脑 -1.5° ～ +1.5°。樟脑属于易燃固体，燃烧时能产生有光的火焰并有浓黑烟。

◆ **用途**

樟脑应用历史悠久，其药用功效在很早以前就被认识及利用。随着工业技术的发展，樟脑的应用领域越来越广，主要用途有：①作为皮肤刺激药，可入跌打、活血外用药膏和药用油（水）制剂，可入镇咳镇痛、止泻用酊剂，也可入具有解暑、醒脑、健胃作用的口服中成药制剂等。②用作衣物、毛料、书籍、文件、档案等的防虫蛀剂。③用于日化香精配方、日用化学品和工业品的加香。④宗教礼拜用熏香。⑤用于生产中枢神经兴奋剂的医药中间体樟脑磺酸和苯甘氨酸。天然樟脑在药用方面具有合成樟脑不可比及的优势。⑥可用作赛璐珞、增塑剂、无烟火药、硝化纤维、防腐剂等的工业原料。

木本精油

木本精油是从木本芳香植物的根、茎、枝、叶、花、果、皮、分泌物中提取得到的、带有芳香气味的挥发性油类物质。又称木本植物精油。

植物精油的利用可追溯到 5000 多年前，古埃及人从植物中提取精油用于治病、祭神和木乃伊防腐，古希腊人将精油用于化妆品、医疗及预防传染病等。

木本精油的主要成分包括萜烯烃类、芳香烃类、醇类、醛类、酮类、醚类、酯类和酚类等，具体组成因原料不同而异。代表性木本精油资源有松树、桉树、樟树、山苍子、互叶白千层、柏木、肉桂、八角、花椒、柑橘、柠檬、丁香、檀香等。

传统木本精油的提取方法有水蒸气蒸馏法、溶剂提取法、压榨法、吸附法。随着科学技术的发展，新的提取方法不断涌现，例如超临界二氧化碳萃取法、亚临界水萃取法、超声波辅助提取法、微波辅助提取法、酶解辅助提取法等。

木本精油可以直接使用，也可以分离为单一组分使用。木本精油具有抗氧化、防腐、抑菌消炎、抗癌、驱虫杀虫、抗热镇痛等功效，具备生物活性多样、作用机制新颖、对环境友好等特点，可用于食品、饮料、香料、药品、保健品、化妆品、洗涤用品、饲料、农药等领域。

α-松油烯

α-松油烯为无旋光活性的、具有柑橘香气的无色流动性液体，存在于小豆蔻油、牛至油和芫荽油中。分子式 $C_{10}H_{16}$。属单环单萜。

1887 年，E.V. 韦伯在小豆蔻油中首次发现 α-松油烯。α-松油烯常与 γ-松油烯作为混合物存在，松油烯的另一种异构体 β-松油烯则可由合成获得。

α-松油烯相对密度 0.8375（19/4℃）。沸点 174℃，65.4 ～ 66℃（1.80 千帕）。不溶于水，与乙醇、乙醚混溶。α-松油烯与亚硝酸钠在乙酸中生成亚硝酯肟酸（熔点 155℃），此反应可用于本品的检出。

α-松油烯一般由合成方法得到，可从 α-蒎烯、消旋柠檬烯、α-菲兰烯用硫酸异构化制备，或从 α-松油醇用草酸脱水得到，或从 α-蒎烯在催化剂二氧化锰存在下加热得到。主要用于制造香精和香料。

松 香

松香是以松脂或富含松脂的松树为原料，通过不同的加工方式得到的非挥发性的玻璃状物质。又称熟松香、熟香。

松香由树脂酸、少量脂肪酸和中性物组成，其中树脂酸占 90% 左右。脂肪酸对松香的性质无明显影响。松香中除酸性物质外，还含有 4% ～ 7% 的非酸性组分（中性物）；尽管非酸性组分含量较少，但组成复杂，不同的组成和含量会使松香在物理性能方面形成差异。根据来源不同，松香可分为脂松香、木松香、浮油松香 3 种。

◆ **性质**

松香呈微黄色到红棕色，透明，具有热塑性，能溶于乙醇、乙醚、丙酮、甲苯、二硫化碳、二氯乙烷、松节油、石油醚、汽油、油类和碱溶液，不溶于冷水，微溶于热水。相对密度（20℃）1.05～1.10，软化点大于 72℃。

松香具有易结晶的特性（结晶趋势）。松香结晶时，在厚而透明的松香块中形成的树脂酸结晶体会使松香变得浑浊。结晶松香熔点 110～135℃，难以皂化，并且在一般有机溶剂中有再度结晶的趋势，降低了其在造纸、油漆等行业中的使用价值。松香还具有旋光性，当比旋光度控制在 0°～15° 时，松香结晶趋势最低，无结晶现象。

松香的化学性质取决于树脂酸所能产生的各种反应。树脂酸通常是含有共轭双键的不饱和酸，具有较强的反应性，表现出耐老化性不好、耐候性不佳，容易产生粉化和变色现象。松香极细粉尘与空气的混合物会产生爆炸。松香应整块储存，块状松香表面氧化时生成氧化膜，氧化膜可防止内部松香进一步氧化。潮湿可加速松香氧化过程，松香深度氧化时会放出乙酸。

松香品质的主要指标包括颜色、酸值、软化点、透明度等。一般颜色越浅，品质越好；树脂酸含量越高则酸值越大，软化点亦高。

◆ **用途**

松香是重要的化工原料，具有广泛的用途，但存在着易结晶、易氧化、软化点低等缺陷。为消除这些缺陷，可通过化学改性将松香制成一系列松香深加工产品。利用树脂酸分子结构中的共轭双键进行化学反应，可制得改性松香；利用树脂酸分子结构中的羧基进行化学反应，可制得松香衍生物；也可同时利用共轭双键和羧基的化学反应进行深加工利用。主要的改性松香有氢化松香、歧化松香、聚合松香及马来松香等，主要的松香衍生物有松香酯类和盐类、松香腈、松香胺及松香醇等。

松香及其深加工产品具有增黏、乳化、软化、防潮、防腐、绝缘等优良性能，广泛应用于造纸、涂料、胶黏剂、油墨、油漆、橡胶、电子、食品及医药等行业。

◆ 产地与产量

松香生产主要集中在中国、美国、印尼、巴西、葡萄牙、墨西哥等国家，全世界松香年产量约120万吨。在古代文化发展初期即有将松脂加工成松香的工艺，全世界脂松香年产量超过70万吨，占松香总产量60%以上。自20世纪40年代硫酸盐法制浆在美国和欧洲等地被广泛采用以来，浮油松香生产发展迅速，产量相对稳定，约占松香总量的30%。森林资源的减少导致木松香原料短缺，产量由1950年的30余万吨下降到80年代末的1万～2万吨，21世纪以来产量更少。

木松香

木松香是将富含松脂的松树木材、松根明子的原料破碎后，用溶剂浸提回收得到的透明固体树脂。又称浸提松香、明子松香。

精制木松香除较容易结晶外，理化性质和性能与脂松香类似，多数情况下可与脂松香、浮油松香互换使用。木松香颜色深、软化点低，可通过脱色、精制等处理改善质量。

美国是世界上木松香发展较早的国家，1910年第一个木松香厂在密西西比州格尔夫波特市建成，最初产量不足美国松香总产量的1%。1927年后木松香的精制工艺推动这一工业迅速发展，1941年美国木松香产量已占松香总产量的50%，最高时年产量曾超过30万吨。后来，由于明子资源日趋减少，产量随之下降。

中国于20世纪60年代在吉林敦化林业局建立浸提厂进行明子加工，所用生产工艺和设备均从波兰引进。经过切片—浸泡—蒸馏—浓缩等工序，获得木松香、松焦油、松节油和选矿油4种主要产品，设计年产量为1280吨。

浮油松香

浮油松香是将硫酸盐法松木制浆过程回收的粗浮油经精制加工得到的透明固体树脂。又称妥尔油松香、塔尔油松香、高油松香。

浮油松香的理化性质和性能与脂松香类似，多数情况下可与脂松香、木松香互换使用。

松木原料中常含有较多的松脂，采用硫酸盐法制浆时，松木中的树脂酸和脂肪酸被碱皂化，形成树脂酸及脂肪酸皂溶于黑液。在制浆喷放、黑液浓缩等过程中收集和酸化后，即获得富含树脂酸和脂肪酸的粗浮油；将粗浮油再经过减压精馏得到浮油松香及浮油脂肪酸。

浮油加工业在20世纪中叶得到快速发展。美国1950年浮油松香产量仅0.8万吨，1988年上升到23.3万吨，占其松香总产量的80%。早期生产的浮油松香结晶严重、颜色较深、有异味，随着工艺技术水平的提升，浮油松香品质已接近脂松香。21 世纪以来，随着提炼工艺的不断改进，尽管松木制浆比例有所减少，但浮油松香的产量依然维持于相对稳定的水平，其产量占全世界松香总产量的三分之一左右。

脂松香

脂松香是从松树活立木采集的松脂，经蒸馏加工除去松节油后得到的无定形透明玻璃状固体树脂。又称放松香、胶松香。

中国在古代文化发展初期即有将松脂加工成松香的工艺。唐代出现了与近现代松脂工艺非常类似的"直火加热法"。北宋沈括著《梦溪笔谈》中，记载了毕昇在活字印刷中采用松香作为黏合剂制活版。1978 年，在中国浙江松阳发现的一座南宋古墓中，出土了约 150 千克松香；经检测，这些松香各指标值依然符合当时林业部的标准。

◆ 性质

脂松香的主要成分是树脂酸，另有少量脂肪酸和中性物质。颜色、酸值、软化点、透明度等通常为脂松香品质的主要指标。一般颜色越浅，品质越好；树脂酸含量越高，酸值越高，软化点亦高。中国国家标准 GB/T 8145《脂松香》将其分为特、一、二、三、四、五共 6 级。此外，人们还按照产脂松树树种名进行分类，如马尾松松香、湿地松松香、云南松松香、思茅松松香等。中国生产的脂松香以马尾松松香、湿地松松香、思茅松松香及云南松松香为主，还有少量加勒比松、南亚松、湿加松、油松等脂松香。

◆ **特点**

脂松香加工方法有"滴水法"与"蒸汽法"两大类。脂松香具有颜色浅、酸值高、软化点高、黏滞性较强等特点，其产量占松香总产量60%以上。中国松脂资源丰富，是脂松香产量最大的国家，产品几乎全是脂松香。2001～2016年，中国松香平均年产量超过60万吨。除中国外，巴西、印尼、越南等国也生产脂松香。脂松香还具有可持续、可再生的特点，但松林资源及劳动力成本是影响脂松香产量的最主要因素。

◆ **用途**

脂松香及其深加工产品具有增黏、乳化、软化、防潮、防腐、绝缘及可进行化学改性等优良性能，广泛应用于造纸、涂料、胶黏剂、油墨、橡胶、电子、食品、材料及医药等行业。

松香树脂酸

松香树脂酸是以氢化菲环骨架为主的二萜酸同分异构体的总称。分子式为$C_{19}H_{29}COOH$。又称松香酸、树脂酸。

1934年美国科学家采用钠盐结晶法分离得到枞酸，后经改进，采用胺盐结晶法提高了分离效率。在一定条件下采用异构、歧化、氢化等手段进行富集，再与有机胺或无机碱反应成盐，经重结晶、酸化后可得到纯化的树脂酸。

松香树脂酸是松香的主要成分，占松香质量的90%左右。不同来源的松香所含的树脂酸种类及含量不同。纯化后的松香树脂酸为白色粉末固体，不溶于水，溶于醇、苯、氯仿、丙酮、醚、松节油、汽油和二硫化碳等有机溶剂及碱溶液。根据烷基和双键位置的不同，松香树脂酸可分为 3 种类型：①枞酸型树脂酸。在 C_{13} 位上与异丙基或亚基异丙基相连，具有共轭双键。包括枞酸、新枞酸、左旋海松酸、长叶松酸，脱氢枞酸等。②海松酸型树脂酸。C_{13} 位上与一个甲基和一个乙烯基相连，具有两个非共轭双键。包括海松酸、异海松酸、山达海松酸、8(9)- 异海松酸等。③二环型树脂酸或劳丹型树脂酸。以劳丹烷骨架为基础的双环二萜树脂酸。包括湿地松酸和南亚松酸。

松香树脂酸主要用于制备医药中间体。通过对松香树脂酸羧基、双键的改性引入高活性基团，制备具有抑菌、抗肿瘤、抗病毒等生物活性的衍生物。松香树脂酸也可用作成核剂及助焊剂。

松　脂

松脂是松树分泌的具有松树香气和苦味的无色透明流体状物质。

中国应用松脂的历史悠久，成书于东汉末年的《神农本草经》中有将松脂作为药物治痛疮的记载，5～6 世纪的《神农本草经注》中有以酒或碱液处理松脂的记载。松脂经加工后可得到松香、松节油等产品。中国可采脂树种主要有马尾松、湿地松、云南松、思茅松、南亚松、加勒比松等，其他国家主要有湿地松、海岸松、欧洲赤松、欧洲黑松、意大利松、卡西亚松、苏门答腊松、南亚松、加勒比松等。

◆ 形成过程

松脂的形成需经过复杂的生理过程。首先，松树针叶在光照和叶绿素与酶的作用下合成糖类；其次，经生物化学反应和一系列中间环节进一步合成萜烯和树脂酸，主要汇集于树脂道中。松脂是一种混合物，主要由树脂酸、萜烯和少量杂质及水分组成，如马尾松一级松脂平均组成为松香 74%～77%、松节油 17%～21%、水分小于 4%、杂质小于 3%。树脂酸和萜烯的含量因树种、产地、采脂方法和贮存期而异。松脂刚从树干流出时，松节油含量可达 30% 以上，在空气中因松节油挥发而呈黏滞液或块状固体。

◆ **组成成分**

松脂中树脂酸的组成包括枞酸、长叶松酸、新枞酸、左旋海松酸、海松酸、山达海松酸、异海松酸和脱氢枞酸等。有的松树松脂中含有一些独有的组分，如南亚松松脂中含有南亚松酸，湿地松松脂中含有湿地松酸等。树脂酸按化学结构分为：①枞酸型酸。包括枞酸、新枞酸、长叶松酸、左旋海松酸和脱氢枞酸等，是树脂酸中的主要部分。②海松酸型酸。包括海松酸、山达海松酸、异海松酸和 8(9)- 异海松酸。③劳丹型树脂酸。包括湿地松酸和南亚松酸。松脂中的酸性物质除树脂酸外，还有脂肪酸（占酸性物质总量的 9%～10%）。

松脂中的萜烯化合物有：①单萜烯。通常单萜含量超过 80%；单萜主要成分是 α- 蒎烯和 β- 蒎烯，此外还有 β- 水芹烯、莰烯、月桂烯和双戊烯等。②倍半萜烯。倍半萜主要成分是长叶烯和 β- 石竹烯。马尾松松脂中的倍半萜烯物质占总萜烯类物质的 10%～22%，是生产重松节油的主要原料。

◆ **质量指标**

松脂分为特级、一级和二级 3 个等级，主要技术指标为外观、松节油含量、机械杂质和水分。松节油含量越高，松脂质量越好。因松脂易氧化，松节油易挥发，长期暴露在空气中的松脂会固化和泛黄；因此贮存与运输松脂都要注意，勿使其变质。中国林业行业标准 LY/T 1355《松脂》规定了除湿地松以外松脂的质量指标，中国国家标准 GB/T 18001–2015《湿地松松脂》规定了湿地松松脂的质量指标。

合成香料

合成香料是通过化学方法合成具有香气和（或）香味特性的物质。合成香料分为食用类和日用类。食用类的合成香料主要包括果香型、乳香型、清香型、甜香型、辛香型、酸香型、含氮香料和含硫香料；日用类的合成香料主要包括青滋香、草香、木香、蜜甜香、脂蜡香、膏香、琥珀香、动物香、辛香、豆香、果香和酒香。

以各种不同类型的化学单体原料经过一系列的化学合成而制备得到合成香料。同一种香料无论天然还是合成，其主体香气特征是一致的。合成香料可以弥补天然香料在产量、价格、应用等方面的不足。21 世纪初，随着分析技术的不断发展，研究人员发现并创造了较多新的关键性合成香料，为调香工作提供了有利的工作条件，合成香料已经成为香精调配中不可缺少的一部分。

醛类香料

醛类香料是含有醛类化合物的合成香料。

醛类化合物的合成由来已久，其产品在香料工业中占有重要的地位，"香奈儿五号"香水是醛香型香水的代表，食用香精中的头香和新鲜感大多是醛类化合物起的重要作用。醛类香料约占香料化合物总数的 10%。$C_6 \sim C_{12}$ 饱和脂肪族醛在稀释条件下具有令人愉快的香气，在香精配方中起着头香剂的作用。某些不饱和脂肪族醛（如 2,6- 壬二烯醛）具有紫罗兰叶的清香。低碳脂肪族醛具有强烈的刺鼻气味；$C_8 \sim C_{13}$ 的中级醛一般都具有果香味，常作为香料应用。

脂肪醛是醛类香料家族中极其重要的一员，其产品在食品、制药及香料等工业生产和人类生活中有着举足轻重的地位。许多醛类可以直接用于调配各种香精，也可作为合成其他香料的原料。近代调香发展，趋向于强香韵的产品，调香中广泛采用脂肪醛类香料，如花 - 醛香型、花 - 醛 - 青香香型等。在香料生产中，脂肪醛 $C_6 \sim C_{12}$ 的 6 种醛广泛应用于制备醛类香料，其中正己醛是合成香料的重要中间体，也是食品和制药工业的重要原材料，其被用于配制苹果和番茄香精，也被用于增塑剂、橡胶、树脂及杀虫剂的合成等，具有较高的经济价值。辛醛、癸醛、壬醛和月桂醛等脂肪醛常被用于香水中的醛类化合物，该类化合物具有清香 - 花香及醛香的直链脂肪醛，又称长链脂肪醛的香气。

香草醛

香草醛是一种酚醛，是香草豆提取物的主要成分。分子式 $C_8H_8O_3$，分子量 152.15。又称香兰醛、香兰素。

香草醛是白色针状结晶或浅黄色晶体粉末，有浓烈的香气，微甜。熔点 81°C，闪点 147°C，密度 1.06 克 / 厘米 ^{3}。溶于 125 体积的水、20

体积的乙二醇及 2 体积的 95% 乙醇，溶于氯仿。

香草醛具有强烈而又独特的香荚兰豆香气，天然存在于香荚兰豆荚、丁香油、橡苔油、秘鲁香脂、吐鲁香脂和安息香脂中。合成香草醛比天然香草提取物更经常用作食品、饮料和药品中的调味剂。其衍生物乙基香草醛也常应用于食品工业，具有更强的香味，与香草醛的不同之处在于其具有乙氧基而不是甲氧基，但乙基香草醛成本更高。

香草醛由亚硫酸盐针叶木浆红液或木质素磺酸盐在碱性条件下，经高压氧化水解后析出。从石油醚中析出也可生成四方晶系晶体。在空气中逐渐被氧化，遇光分解，遇碱变色。

1876 年，K. 赖默尔从愈创木酚合成香草醛。香草醛最重要的合成方法是自 20 世纪 70 年代开始实施的两步法，其中愈创木酚通过亲电芳香取代与乙醛酸反应，然后通过氧化脱羧作用，将所得的香兰基扁桃酸通过 4- 羟基 -3- 甲氧基苯基乙醛酸转化成香草醛。

庚　醇

庚醇是含有 7 个碳原子的一元醇。分子式 $C_7H_{16}O$。有多种同分异构体，包括正庚醇（又称 1- 庚醇）、2- 庚醇（又称仲庚醇）、3- 庚醇等。其中，工业上最重要的是正庚醇和 2- 庚醇。

庚醇是无色黏稠液体，具芳香气味，沸点 176℃，主要用作食用香精、皂用香精、洗涤剂香精、香水香精、膏霜类香精等。庚醇可由庚醛加氢还原制备。以 1- 己烯为原料，与一氧化碳和氢气一同进料，在钴或铑等催化剂作用下经过氢甲酰化反应生成 1- 庚醛，再经铜或镍等催化加氢生成1-庚醇。通过戊烷与环氧乙烷在无水溴化铝存在下也可反应制备正庚醇。

2-庚醇沸点为158～160℃，为无色可燃液体，难溶于水，溶于乙醇、乙醚和苯，用作溶剂、有机合成中间体和分析化学试剂。可由溴化戊基镁与乙醛反应制取，也可通过甲基戊基甲酮与金属钠在乙醇溶液中反应制取。

麝香类香料

麝香类香料是含有麝香的合成香料。麝香是雄鹿肚脐和生殖器之间腺囊中的干燥分泌物。麝香分为天然麝香和合成麝香。天然麝香成块状或颗粒状，是一种具有较高药用价值的高级天然香料。麝香既是四大动物香料之一（龙涎香、灵猫香、麝香、海狸香），也是四大名药之一（犀角、牛黄、羚羊角、麝香）。天然麝香的主要香气成分是麝香酮，该物质具有优雅的麝香香气和甜润的动物香韵，但因其价格较高，很少应用在调香中，多应用在医药行业。

合成麝香是通过有机合成工艺生成具有类似麝香气味的各种单一化学物质。根据化学结构不同，合成麝香分为硝基麝香、大环麝香、多环麝香、脂环麝香。硝基麝香主要包括二甲苯麝香、酮麝香、葵子麝香、伞花麝香等；大环麝香主要包括麝香酮、昆仑麝香等；多环麝香主要包括佳乐麝香、吐纳麝香、萨利麝香等；脂环麝香主要包括海佛麝香等。合成类香料价格便宜，更加受到调香师的青睐，如佳乐麝香、吐纳麝香等。

酯类香料

酯类香料是含有酯类化合物的合成香料。

大多数酯类化合物具有花香、果香、酒香或蜜香香气，广泛存在于自然界中，在调配各种香型的香精时，不能决定合成香料的香气，但具有增强与润和作用。酯类香料包括甲酸酯类香料、乙酸酯类香料、丁酸酯类香料、异丁酸酯类香料、2-甲基丁酸酯类香料、月桂酸酯类香料、糠酸酯类香料、苯甲酸酯类香料、肉桂酸酯类香料、水杨酸酯类香料等。

所有用作日用和食用香料的无环萜酯都可以通过对应的醇直接酯化来制备，但芳樟醇的酯化需要特别小心。如乙酸芳樟酯的合成需要将沸腾的乙酸酐与芳樟醇进行酯化，通过 6-甲基 -5-庚烯 -2-酮的乙炔化制得乙酸脱氢芳樟醇，并对其碳碳三键进行部分氢化，以制得乙酸芳樟酯。乙酸二氢月桂烯酯的合成是通过二氢月桂烯醇与乙酸发生酯化反应得到。

杂环香料

杂环香料是用于调配香精的杂环化合物。杂环化合物主要以五元、六元环系或稠环系为主，通常含有一个或多个杂原子（O、N 或 S）。

大多数杂环香料具有极低的阈值、极高的香气强度，并且具有突出的香气特征，如强烈的肉香、焙烤香、坚果香，以及咖啡香气等。杂环香料主要包括呋喃、吡嗪、吡咯、吡啶、噻吩、噻唑等，其中含 O、N 和 S 的杂环化合物主要用于调制具有特殊香味的食品香精，如巧克力、咖啡、蔬菜等。

◆ **分类**

含氮杂环类，主要分为噻唑类、吡嗪类、吡咯类、吡啶类等，主要在水果、蔬菜、肉和坚果中被检测出来，尤其在坚果类食品中含量丰富，如2-甲基吡嗪、2,3-二甲基吡嗪、2-乙基吡嗪、2-乙基-3-甲基吡嗪等。

含氧杂环类，主要分为呋喃类、吡喃酮衍生物，以及部分麝香类等，大多用于食品香精的调配，具有甜香、肉香、奶香、焦糖等香气，还可用作香味增效剂，增加甜品的甜度，如呋喃酮、四氢呋喃、γ-丁内酯、γ-癸内酯等。

含硫杂环类，主要分为硫醇类、单硫醚类、多硫醚类、硫酯类、噻唑类等，具有鸡蛋、肉香、葱蒜、蔬菜香等，多用于调配奶制品、鸡蛋、肉类、坚果香精，如4-甲基噻唑、2-乙酰基噻唑、糠硫醇、2-甲基-3-呋喃硫醇等。

◆ **制备**

杂环香料制备方法主要有：①常规有机合成法，如以甲基吡嗪为原料，经氯化及烷氧基取代合成了2-甲基-3-甲氧基吡嗪。②应用非酶褐变反应制取，又称美拉德反应。③从含香的动植物体中采用溶剂萃取或蒸汽蒸馏制得杂环香料，是较传统的生产方式。④生物合成法，利用酶和微生物的代谢活动制得杂环香料。

含氮香料

含氮香料是用于调配香精的含氮化合物的统称。

含氮化合物主要在水果、蔬菜、肉和坚果中被检测出来，尤其在坚果类食品中含量丰富。含氮香料的香气独特，主要用于调配水果、肉和坚果等食用香精，以及烟用香精。

◆ **噻唑类**

噻唑类香料主要包括噻唑和它的烷基、烷氧基、酰基取代物及其加成产物噻唑啉类化合物。大多数噻唑类香料具有坚果、烤香、肉香、蔬菜的香气，可用于调配咖啡、肉类、蔬菜香型的香精。较常使用的噻唑类香料有 4- 甲基噻唑、4,5- 二甲基噻唑、2- 乙基 -4- 甲基噻唑、4- 甲基 -5- 乙烯基噻唑、2,4,5- 三甲基噻唑、2- 异丙基 -4- 甲基噻唑等。

◆ **吡嗪类**

吡嗪类香料主要包括吡嗪和它的烷基、烷氧基、酰基取代物。大多数吡嗪类原料具有坚果、花生、爆玉米花、可可、土豆、咖啡等气味，可用于可可、花生、肉类、调味品用香精。较常使用的吡嗪类香料有 2- 甲基吡嗪、2,3- 二甲基吡嗪、2,5- 二甲基吡嗪、2,6- 二甲基吡嗪、2,3,5- 三甲基吡嗪等。

◆ **吡咯类**

吡咯类香料主要包括吡咯和它的酰基取代物、加氢产物和吲哚类化合物。大多数吡咯类原料具有咖啡、坚果、杏仁气味，可用于肉类、坚果、咖啡及水果香精。较常使用的吡咯类香料有 *N*- 糠基吡咯、2- 乙酰基吡咯等。

◆ **吡啶类**

吡啶类香料主要包括吡啶和它的烷基、酰基取代物。大多数吡啶类原料具有蔬菜、肉类、坚果、烟草等香气，可用于肉类、坚果、乳制品、烟草香精。较常使用的吡啶类香料有 3- 乙基吡啶、2,6- 二甲基吡啶、3- 戊基吡啶等。

◆ 其他含氮类

其他含氮类香料主要包括喹喔啉类、喹啉类、吲哚类、氨基酸类、邻氨基苯甲酸酯类。可用于饮料、咖啡、肉类、巧克力和水果香精的调配。较常使用的香料主要有喹啉、5- 甲基喹喔啉、吲哚、邻氨基苯甲酸甲酯等。

含硫香料

含硫香料是含有硫化物的合成香料。

含硫香料作为一类新的合成香料，其历史是各类合成香料中最短的。含硫香料是咸味食品香精的关键原料，在食品香料中占有十分重要的地位。人类从开始食用野葱、野韭菜及烹熟的肉类食品时，就已经在享受含硫化合物具有的香味，但是在漫长的历史长河中并没有认识到食品中含硫化合物的客观存在和作用。除了科技发展水平的限制之外，其中的主要原因是含硫化合物在食品中的含量非常低，即使在含硫化合物对香味起主导作用的食物中，采用常规化学分析方法也难以检测到其在食物中的含量。

◆ 特点

含硫香料的特点主要有：①阈值低。含硫香料化合物是各类香料化合物中阈值最低的一类。②香势强、用量小。含硫化合物的低阈值使其具有香势强和用量小的优点。③批量小。含硫香料的产销量相比于其他合成香料（如醛类、酯类等）较低，含硫香料的生产规模较小。④价格高。含硫香料是各类香料中价格最高的，但在 21 世纪初，价格不断地降低。

◆ **香味特征**

含硫香料的香味特征主要表现为与副食和菜肴有关的香味，如各种肉香、海鲜、咖啡、葱、蒜、洋葱、韭菜、甘蓝，以及热带水果等的香味特征。

◆ **用途**

含硫香料主要应用于食品香精，尤其是咸味香精和热带水果类香精。在日用香精中很少使用含硫香料，但是丁硫醚具有花香、青叶、洋葱、葱蒜、辣根、蔬菜香气和味道，能赋予香精清香韵，除用于食用香精外，也可以用于花香和果香型日用香精。

薄荷类香料

薄荷类香料是添加薄荷类成分的香料。包括亚洲薄荷油、椒样薄荷油、留兰香油、薄荷脑、乙酸薄荷酯、薄荷酮等。

薄荷类香料已经被广泛地应用在医药、食品、香料、烟草等工业领域中。薄荷为唇形科薄荷属，又称水薄荷、苏薄荷等。薄荷是一种重要的香料植物，较多使用的精油类薄荷类香料为薄荷油、椒样薄荷油、留兰香油等，其有着强烈、清新、凉爽的薄荷香气，在调香中可以很好地掩盖其他原料的化学气息，在医药行业也有着抗炎、抗细菌、抗真菌等功效。

食品用香料

食品用香料是改善、增加和模仿食品香气和香味的物质。简称食用香料。

食品用香料是生产食品用香精的主要原料，一般与许可使用的附加物调和配置成食品香精，用于食品加香，部分食品用香料也可直接用于食品加香。只有单一化合物的香料称为单体香料，如香兰素、肉桂醛等；含有多种化合物的香料为复合香料。香料一般为有机物，多因其分子结构中含有一定结构的官能团如羟基、羰基而具有气味，这些基团称发香基团，发香基团决定其气味的种类。发香基团包括羟基、醛基等含氧基团，氨基、硝基等含氮基团，芳香醇、芳香醛等含芳香基团，含硫、磷、砷等化合物，以及杂环化合物。具有发香基团的有机物称发香物质。

食品用香料在食品中的用量较低，在不同的食品中作用不完全一致。食用香料可使原本没有香味的食品产生香味，满足消费者对香味的要求。食品加工中的加热、脱臭、抽真空等工艺会使香味成分挥发，使食品香味减弱，添加香料可恢复食品原有的香味，甚至可根据需要强化某种特征香味。食用香料还可以消除食品中的不良味道。有些食品有难闻的气味，或某种气味太浓而使人们不喜欢食用，添加适当的香料可以去除或抑制这些气味。食用香料还可以改变食物原有的风味。此外，多种天然香料还有杀菌、防腐作用。食用香料还能赋予产品特征，许多地方性、风味性食品的特征都由使用的香料显现出来。

食品用香料包括食品用天然香料和食品用合成香料。食品用天然香料是通过物理方法、酶法、微生物法工艺,从动植物原料中获得的香味物质制剂或化学结构明确的具有香味特征的物质。按照香料组成可分为食品用天然单体香料、食品用天然复合香料。食品用合成香料是通过化学合成方式形成与天然成分相同化学结构的具有香味特性的物质,一般为单一化合物。

中国允许使用的食品用香料名单可查阅 GB 2760-2014《食品安全国家标准食品添加剂使用标准》。

花 椒

花椒是芸香科花椒属植物。俗称的花椒是芸香科花椒属可作调味品食用的几种植物及其果实的统称,也是中国重要的食品调味香料。该属约有 250 个种,分布于东亚和北美洲。中国有 45 种,其中作为调味品食用的主要有花椒、川陕花椒、青花椒、竹叶花椒和野花椒等。

花椒,又称秦椒、红花椒、川椒等,是最重要的花椒栽培种,分布于中国辽宁南部、华北、陕西、甘肃东部,南至长江流域各地,西至四川,西南至云南、贵州、西藏东南部,其中川西、陕南、鲁中南山地等为主要产区。该种为重要食品调味香料,也是油料树种,果皮含芳香油,可提取香精。种子含油量 25% ~ 30%,出油率 22% ~ 25%,椒油有涩味,处理后可食用或作工业用油。种子、果皮可入药。该种在中国栽培已有 2000 余年的历史,各地均有优良栽培品种。如四川的汉源花椒、陕西的凤椒、山西的小椒等。花椒不耐低温,在土层浅薄、温差大的地方易受冻害。耐干旱,但在开花坐果时如遇春旱,落花落果严重,叶片蔫萎。不抗风，不能在风口栽植。不耐涝，短期积水或洪水冲淤都能导致死亡。在微酸性、中性和微碱性土上都能生长，以在疏松钙质土上生长最好，在排水不良的黏土和干瘠沙土地上生长不良。喜光，不耐庇荫。萌芽性强，耐修剪，剪口以下能萌发新枝。根系发达。生长快，1 年生苗高约 1 米，栽后 2 ~ 3 年开始少量结果，4 ~ 5 年大量结果，可延续 15 ~ 20 年。生长寿命 30 ~ 40 年，衰老后可采用伐后萌芽更新。

川陕花椒，又称山花椒。产于中国甘肃南部、陕西南部、四川北部；生于海拔 2000 ~ 2500 米的山区。喜光，耐干旱瘠薄土壤。果可作香料及调料。

青花椒，又称青椒、崖椒、狗椒、野椒、山花椒、香椒子。灌木，果暗紫绿色，径 4 ~ 5 毫米，具芒状尖头。产于中国辽宁南部，南至广东北部、广西北部，东至台湾，西南至贵州，在四川有规模化栽培。喜光，耐干旱贫瘠土壤。幼果晒干后呈苍青色或灰黄色，故名"青椒"。连同根、叶可入药，有发汗、驱寒、止咳、健胃、消食等功效；又可作蛇药及驱蛔虫药。果可代花椒作调料。种子水浸液可治蚜虫和水稻螟虫。

竹叶花椒，又称竹叶椒、山花椒、狗花椒、野花椒、藤椒，在中国四川和重庆有规模化栽培。产于秦岭、淮河流域以南，南达海南，东至台湾，西南至四川、云南、西藏东南部；生于低山丘陵，西南海拔达 2200 米的山区。果可代花椒，供作调味香料。枝叶供药用，有驱虫、镇痛之效。

野花椒，又称黄椒、刺椒、大花椒、香椒、刺花椒，产于中国黄河流域至长江流域，多生于低山、丘陵、平原灌丛中或次生疏林内。喜光，耐干旱瘠薄土壤。果作花椒代用品。枝叶及根皮入药，可镇痛。

月 桂

月桂是被子植物樟目樟科月桂属的一种。原产于地中海一带，中国浙江、江苏、福建、台湾、四川及云南等省有引种栽培。

月桂是常绿小乔木或灌木，高可达 12 米。小枝绿色，略被毛或近无毛。叶互生，革质，长圆形或长圆状披针形，先端锐尖或渐尖，基部楔形，边缘细波状，两面无毛，羽状脉，花为雌雄异株；伞形花序腋生，1 ~ 3 个成簇状或短总状排列，开花前由 4 枚交互对生的总苞片所包裹；雄花每个伞形花序有 5 朵，小，黄绿色，被柔毛，花被筒短，花被片 4，雄蕊通常 12，排成 3 轮，花药 2 室，内向，瓣裂，子房不育；雌花的退化雄蕊 4，与花被片互生，花丝顶部有成对无柄腺体，其间延伸有一披针形舌状体，子房 1 室，花柱短，柱头稍增大，三棱形。果卵球形，熟时暗紫色。染色体基数 $x = 7$。

月桂的花序

月桂是一种重要的经济植物。叶和果均含芳香油，主要成分是芳樟醇、丁香酚、香叶醇及桉叶油素，用于食品及皂用香精。叶还可作调味香料或罐头矫味剂。种子含油脂约 30%，可供制皂或用于医药。

山 奈

　　山奈是被子植物单子叶植物姜目姜科山奈属的一种。名出《神农本草经》。分布于东亚、东南亚至南亚，中国台湾、广东、广西、云南等省区有栽培。

　　山奈是多年生草本，具块状根茎。根茎单生或数枚连接，芳香。叶2列，通常2片贴近地面生长，叶柄很短，叶鞘长2～3厘米；叶片近圆形，长7～13厘米，宽4～9厘米，干时叶面可见红色小点。花顶生，4～12朵组成穗状花序，具有总花梗，具有总苞片；每朵花下具有多数螺旋排列的披针形苞片，长2.5厘米，花白色，有香味，两侧对称；花萼与苞片等长，花冠下部合生，花管长2～2.5厘米，裂片6，线形，长1.2厘米；雄蕊具有侧生退化雄蕊，花瓣状，唇瓣白色（来自内生2枚退化雄蕊），基部具紫斑，长2.5厘米，宽2厘米，深2裂，发育雄蕊1，无花丝，药隔附属体2裂；雌蕊3心

山奈植株

山奈的根状茎

皮合生，3 室中轴胎座，胚珠多数，花柱线性，柱头螺旋状。蒴果，种子近球形。花期 8 ~ 9 月。染色体数 $2n = 54$。

山奈根状茎为中药芳香健胃剂，有散寒、祛湿、温脾胃、辟恶气之功效，亦可作调味香料，提取的芳香油是定香力强的香料。根茎含龙脑等挥发油，行气温中、消食、止痛，可用于治疗胸膈胀满、脘腹冷痛、饮食不消等症状。

九里香

九里香芸香科植物九里香和千里香的干燥叶和带叶嫩枝。又称过山香、千里香、千只眼等。理气药。始载于《岭南采药录》。

◆ **产地和分布**

九里香产于中国台湾、福建、广东、海南和广西。生于离海岸不远、向阳的灌木丛中。

千里香产于中国华南地区及台湾、福建、湖南、贵州、云南等地。生于低丘陵或海拔高的山地疏林或密林中。

全年均可采收，除去老枝，阴干。商品药材主要来自栽培或野生。

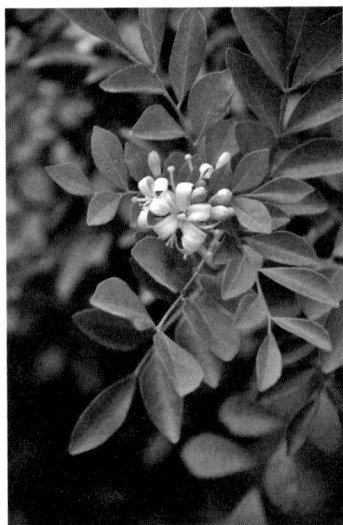

九里香植株

◆ **性状**

九里香呈圆柱形，直径 1 ~ 5 毫米。表面灰褐色，具纵皱纹。质坚韧，不易折断，断面不平坦。羽状复叶有小叶 3 ~ 9 片，多已脱落；

小叶片呈倒卵形或近菱形，最宽处在中部以上，长约 3 厘米，宽约 1.5 厘米；先端钝，急尖或凹入，基部略偏斜，全缘；黄绿色，薄革质，上面有透明腺点，小叶柄短或近无柄，下部有时被柔毛。气香，味苦、辛，有麻舌感。

千里香小叶片呈卵形或椭圆形，最宽处在中部或中部以下，长 2～8 厘米，宽 1～3 厘米，先端渐尖或短尖。

九里香果实

◆ **药性和功用**

九里香味辛、微苦，性温，有小毒，归肝、胃经。具有行气止痛、活血散瘀、解毒消肿功能，用于胃痛、风湿痹痛，外用可治牙痛、跌扑肿痛、虫蛇咬伤。

◆ **成分和药理**

九里香主要含多种香豆素（九里香甲、乙、丙素，长叶九里香醛，九里香香豆精，九里香酸，欧前胡内酯，九里香内酯酮醇）、黄酮、挥发油等，具有抗生育、终止妊娠、抗菌、消炎、杀虫、增强免疫功能、抗甲状腺功能、解痉、降血糖、平喘、抗痉挛、局部麻醉等作用。

◆ **用法和禁忌**

九里香与丹参配伍，可行气活血、凉血止血，治疗跌打损伤，还有消肿止痛之效。与防风配伍，可祛风除湿、温通经络，治疗风寒湿痹。九里香还可以用来治溃疡病、流行性乙型脑炎、骨折、湿疹等，还能治疗蛇毒所引起的肌肉损伤。现代临床研究表明，九里香的茎、叶与三花酒或 50% 乙醇浸泡后过滤可做成表面麻醉剂。九里香的花、叶、果均含精油，可用于化妆品香精、食品香精，叶可作调味香料。煎服用量 6 ～ 12 克，或入散剂，或浸酒；外用适量，捣敷或煮水洗。阴虚患者慎服。

八 角

八角是木兰科八角属植物。又称八角茴香（本草纲目）、大茴香、唛角（广西壮语）。八角主产于中国广西西部和南部，在福建南部、广东西部、云南东南部和南部也有种植。

◆ **形态特征**

八角为乔木，高 10 ～ 15 米，树冠塔形、椭圆形或圆锥形，树皮深灰色，枝密集。叶不整齐互生，在顶端 3 ～ 6 片近轮生或松散簇生，革质或厚革质，倒卵状椭圆形、倒披针形或椭圆形，长 5 ～ 15 厘米，宽 2 ～ 5 厘米，先端骤尖或短渐尖，基部渐狭或楔形，在阳光下可见密布透明油点。中脉在叶上面稍凹下，在叶下面隆起。叶柄长 8 ～ 20 毫米。花粉红至深红色，单生叶腋或近顶生，花梗长 15 ～ 40 毫米。花被片 7 ～ 12 片，常 10 ～ 11 片，常具不明显的半透明腺点，最大的花被片宽椭圆形至宽卵圆形，长 9 ～ 12 毫米，宽 8 ～ 12 毫米。雄蕊 11 ～ 20 枚，多为 13、14 枚，长 1.8 ～ 3.5 毫米，花丝长 0.5 ～ 1.6 毫米，药隔截形，药室稍为突起，长 1 ～ 1.5 毫米。心皮通常 8，有时 7 或 9，很少 11，在花期长 2.5 ～ 4.5 毫米。子房长 1.2 ～ 2 毫米，花柱钻形，长度比子房长。果梗长 20 ～ 56 毫米，聚合果，直径 3.5 ～ 4 厘米，饱满平直。蓇葖多为 8，呈八角形，长 14 ～ 20 毫米，宽 7 ～ 12 毫米，厚 3 ～ 6 毫米，

先端钝或钝尖。种子长 7 ~ 10
毫米, 宽 4 ~ 6 毫米, 厚 2.5 ~ 3
毫米。正糙果 3 ~ 5 月开花,
9 ~ 10 月果熟; 春糙果 8 ~ 10
月开花, 翌年 3 ~ 4 月果熟。

八角的蓇葖

◆ 生长习性

八角为南亚热带树种, 喜
冬暖夏凉的山地气候, 适宜种植在土层深厚、排水良好、肥沃湿润、偏
酸性的砂质壤土或壤土上, 在干燥瘠薄或低洼积水地段生长不良。

◆ 用途

八角为经济树种。果为调味香料, 味香甜; 也供药用, 有祛风理气、
和胃调中的功能, 用于中寒呕逆、腹部冷痛、胃部胀闷等, 但多食会损
目发疮。果皮、种子、叶都含芳香油, 称为八角茴香油 (简称茴油),
是制造化妆品、甜香酒、啤酒和食品工业的重要原料。八角和茴油除供
应国内外, 还是重要的出口物资, 中国八角占世界市场的 80% 以上。
八角木材淡红褐色至红褐色, 纹理直, 结构细, 质轻软, 有香气, 可供
细木工、家具、箱板等用材。

肉 桂

肉桂是樟科樟属常绿乔木。又称玉桂、牡桂、菌桂。肉桂原产于中
国, 主要分布于广东、广西两地, 之后广东、广西、福建、台湾、云南
等地的热带及亚热带地区广为栽培, 其中尤以广西栽培为多。印度、老

挝、越南至印度尼西亚等地亦有分布，但大都为人工栽培。

◆ 形态特征

肉桂是中等大乔木，树皮灰褐色，老树皮厚达13毫米。一年生枝条为圆柱形，黑褐色，有纵向细条纹，略被短柔毛；当年生枝条多少四棱形，黄褐色，具纵向细条纹，密被灰黄色短绒毛。顶芽小，长约3毫米，芽鳞宽卵形，先端渐尖，密被灰黄色短绒毛。叶互生或近对生，长椭圆形至近披针形，先端稍急尖，基部急尖，革质，边缘软骨质，内卷；上面绿色、有光泽、无毛，下面淡绿色、晦暗、疏被黄色短绒毛。离基三出脉，侧脉近对生，自叶基5～10毫米处生出，稍弯向上伸至叶端之下方渐消失，与中脉在上面凹陷，下面凸起；向叶缘一侧有多数支脉，支脉在叶缘之内拱形联结，横脉波状，近平行，相距3～4毫米，上面不明显，下面凸起；支脉间由小脉连接，小脉在下面明显可见。叶柄

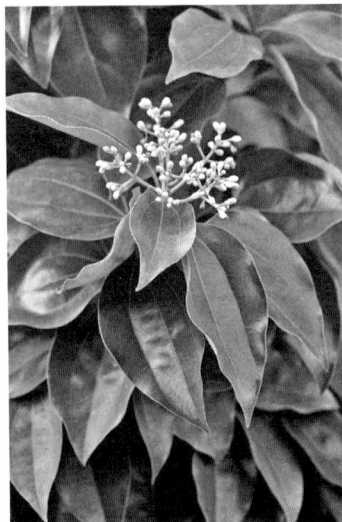

肉桂的叶和花序

粗壮，长1.2～2厘米，腹面平坦或下部略具槽，被黄色短绒毛。圆锥花序腋生或近顶生，三级分枝，分枝末端为3花的聚伞花序，总梗长约为花序长之半，与各级序轴被黄色绒毛。花白色，花梗被黄褐色短绒毛。花被内外两面密被黄褐色短绒毛，花被筒倒锥形，长约2毫米，花被裂片卵状长圆形，近等大，先端钝或近锐尖。能育雄蕊9，花丝被柔毛，第一、二轮雄蕊长约2.3毫米，花丝扁平，上

方 1/3 处变宽大，花药卵圆状长圆形，长约 0.9 毫米，先端截平，药室 4，室均内向，上 2 室小得多；第三轮雄蕊长约 2.7 毫米，花丝扁平，上方 1/3 处有一对圆状肾形腺体，花药卵圆状长圆形，药室 4，上 2 室较小，外侧向，下 2 室较大，外向；退化雄蕊 3 位于最内轮，连柄长约 2 毫米，柄纤细，扁平，被柔毛，先端箭头状正三角形。子房卵球形，长约 1.7 毫米，无毛，花柱纤细，与子房等长，柱头小，不明显。果椭圆形，长约 1 厘米，宽 7 ～ 8（9）毫米，成熟时黑紫色，无毛；果托浅杯状，长 4 毫米，顶端宽达 7 毫米，边缘截平或略具齿裂。花期 6 ～ 8 月，果期 10 ～ 12 月。

◆ 生长习性

肉桂属南亚热带、北热带常绿乔木，喜温暖，不耐严寒，适生年平均温度为 20 ～ 26℃，年降水量为 1600 ～ 2000 毫米，多在海拔 500 米以下低山丘陵区种植。

◆ 主要用途

肉桂属常用名贵中药材，既可药用，又是香料副食品。肉桂具有暖脾胃、除积冷、通血脉之功效。肉桂油芳香，有健胃、祛风、杀菌、收敛的作用。

肉桂皮

桂皮粉在西方国家通常用来烤制面包、点心，腌制肉类食品。桂油主要成分除肉桂醛外，还含有苯甲醛、肉桂醇、丁香烯、香豆素等十多种成分，广泛用于饮料、食品的增香，医药配方，调和香精和高级化妆品。

肉桂材质优良，结构细致，不易开裂，可制作高档家具。肉桂树形美观，常年浓荫，花果气味芳香，是一种优良的绿化树种。

砂　仁

砂仁是被子植物单子叶植物姜目姜科豆蔻属的一种。名出《本草原始》。产于中国福建、广东、广西和云南，分布于柬埔寨、印度、老挝、泰国和越南；栽培或野生于山地荫湿之处。

砂仁是多年生草本，株高可达 1.5 ～ 3 米，具有匍匐地面的根状茎，其节上生褐色膜质鳞片。茎丛生状，茎生叶无柄或近无柄，有叶鞘包茎，具有半圆形、长 3 ～ 5 毫米的叶舌；中部叶片长披针形，长达 30 多厘米，上部叶片条形，宽 3 厘米，顶端具尾尖，基部近圆形。穗状花序由根茎抽出，花葶（总花梗）长 4 ～ 8 厘米，被褐色短绒毛和鳞片；总苞片披针形，长 1.8 毫米，膜质；每朵花的小苞片管状，长 10 毫米，一侧有一斜口，膜质；花两侧对称，花被片 6，2 轮，外轮萼状合生成管，白色，长 1.7 厘米；内轮 3 枚花冠状，下部合生管状，长 1.8 厘米，裂片倒卵状长圆形，白色；雄蕊具 2 或 4 枚退化雄蕊，内轮 2 枚退化雄蕊合生成

砂仁植株

砂仁的种子

白色唇瓣，长宽 1.6～2 厘米，顶端具二裂、反卷黄色的小尖头；发育雄蕊 1 枚，花丝长 5～6 毫米，花药长约 6 毫米，药隔附属体 3 裂；雌蕊 3 心皮合生，中轴胎座，3 室胚珠多数，子房被白色柔毛，花柱丝状。蒴果椭圆形，长 1.5～2 厘米，宽 1.2～2 厘米，成熟时紫红色，干后褐色，表面被柔刺；种子多角形，有浓郁的香气，味苦凉。花期 5～6 月；果期 8～9 月。染色体数 $2n = 48$。

果实入药，具有化湿开胃、温脾止泻、理气安胎之功效，常用于湿浊中阻、脘痞不饥、脾胃虚寒、呕吐泄泻、妊娠恶阻、胎动不安之症。种子含挥发油 1.7%～3%。

胡　椒

胡椒是胡椒科胡椒属多年生木质藤本植物。

胡椒为重要的香辛作物。原产印度，后传入爪哇、马来西亚、斯里兰卡，现世界上有近 20 个国家栽培。主产地为印度、印度尼西亚和马来西亚。中国于 1951 年和 1954 年多次由马来西亚和印度尼西亚等地引入海南省试种，并开始有较大面积栽培。1956 年后，广东、云南、广西、福建等地陆续试种。主产地为海南省和广东省湛江市。

胡椒茎攀缘生长，长可达 7～10 米，节膨大而有吸根。穗状花序，单核浆果，球形，成熟时红色。种子黄白色。生长期要求气温较高。世界胡椒产区年平均气温为 25～27℃，但在中国年平均温度为 19.5～26℃ 的地区，也能正常开花结实。年降水量要求 1500～2400 毫米，分布均匀。枝蔓纤弱，以静风环境为宜。一龄生胡椒需轻度荫蔽，结果期要求光照充足。排水良好、土层深厚、土质疏松、pH5.5 ～ 7.0 的土壤利于生长。幼龄期以施氮肥为主，结果期要加施钾肥。经济寿命 20 ～ 30 年。

　　一般用插条繁殖。从 1 ～ 3 年生的植株切取插条，培育约 20 天长出新根后便可定植（斜植）。株行距 2 米 ×2 米左右。植后遮阴。幼苗长出主蔓后，将主蔓缚在高约 2 米的支柱上。苗高 1.2 米时进行第一次剪蔓，以后剪 3 ～ 4 次，最后保留 4 ～ 6 条蔓，使之发育成圆筒状株型。株高一般控制在 2.5 米左右。幼龄植株以施氮肥为主，结果植株要加施钾肥。雨季注意排水、盖草、培土。危害最大的是胡椒瘟病，发病初期可用化学药剂控制蔓延；此外还有细菌性叶斑病、花叶病（病毒病）和根病等。害虫有根瘤线虫、介壳虫类、蚜虫等，可用有机磷杀虫剂防治。

　　种后 3 ～ 4 年便有收获。从开花到果实成熟需 9 ～ 10 个月，秋花的果实在 5 ～ 7 月收获（海南省产区），春花的果实在 1 ～ 2 月收获（广东湛江产区）。果实变黄、每穗果实有 3 ～ 5 粒转红时即为采收适期。种子含胡椒碱 5% ～ 9%，挥发油 1% ～ 2.5%，在食品工业中用作调味料、防腐剂，医学上用作健胃、利尿剂。果穗收获后直接晒干脱粒者为黑胡椒，制成率 33% ～ 36%；收后在流水中浸泡 7 ～ 10 天，果皮、果肉全部腐烂后洗净晒干者为白胡椒，制成率为 25% ～ 27%。

第 3 章

香花植物

香花植物是花器官具有芳香成分的栽培植物或野生植物。这类植物生长成熟后，为繁衍后代，其花器官中的薄壁组织能够分泌出芳香油，形成芳香怡人的气味。香花植物包括乔木、灌木、藤本和草本植物，可广泛应用于各个绿地类型的城乡环境绿化。

狭义的香花植物仅指花器官具香气的植物。广义的香花植物即芳香植物，包括香花植物和香草植物。香草指根、茎、叶、花等均具香气的植物，往往含有挥发性芳香油，以草本为主，也包括木本，尤其是唇形科草本植物。代表物种有薰衣草、迷迭香、百里香、藿香等，广泛用于观赏、食用、药用，还用于提炼精油、驱除蚊蝇、净化空气。

◆ **分类**

按生物学特性，香花植物可以分为：①草本香花植物，包括一二年生草本如雏菊、鼠尾草、紫罗兰、西洋甘菊等，多年生草本如薰衣草、迷迭香、罗勒、薄荷、藿香、百里香、晚香玉、桂竹香、百合、水仙、兰花、银香菊、香雪兰、荷花等。多应用于花坛、花境造景，或营造专类园景观。②灌木香花植物，如玫瑰、月季、珠兰、牡丹、丁香、醉鱼草、栀子、茉莉、瑞香、米仔兰、九里香、蜡梅、代代酸橙、香荚蒾等。

多用于庭院、道路、居住区等各类绿化。③乔木香花植物，如桂花、梅花、白兰花、深山含笑、白玉兰、木莲、香橼、柚、蓝花楹等。多用于道路、居住区绿化。④藤本香花植物，如紫藤、木香、藤本月季、金银花、香花鸡血藤、使君子等。多用于庭院或街头绿地的立体绿化。

香花植物花瓣中含挥发性的"芳香油"，通过气孔或腺体释放，芳香油的主要成分是萜类化合物及其衍生物。依据芳香物质的形成和挥发速度、浓度等特征的不同，香花植物可分为气质花和体质花两种。①气质花。芳香油随花朵开花而逐渐形成与挥发，因而芳香维持的时间较短，以初开放时香气最浓。如茉莉花，傍晚开放，午后花瓣内芳香油积累达到饱和状态，正是采摘适时；玫瑰花，拂晓开放，初放而未见露心者为最香；梅花，含苞欲放至初开的花朵最香；兰花，芳香由蕊心柱（花丝和花柱合生部分）散发，因此一经授粉，蕊心柱弯曲，香气立即消失。②体质花。芳香油以游离态存在于花瓣中，因此未开放或开放不久的均有香气，维持时间较长，直至花瓣凋萎，芳香才将耗尽，常见的如白兰花、珠兰、代代花等。无论体质花还是气质花，两者一般皆以初花期的芳香油含量最高，是观赏和采摘的理想时间。

茉莉花

◆ **园林中应用**

香花植物在现代城市和园林绿化造景中占有重要的地位，并具有独特的景观功能。嗅觉可以加深人对绿化环境及氛围的体验，利用芳香植物可营造"香景"或嗅觉花园。香景是园林植物配置的一种组景手法，也是五感花园的组成部分之一。在人居环境绿化或美化建设中，可应用一些具有令人愉悦的芳香气味的植物。通过植物组合空间的形式进行配置，借微风而暗香浮动，或香远益清，或芳香馥郁，花香袭来，令人陶醉。

贵州毕节市人民公园桂树

茉　莉

茉莉是木樨科素馨属常绿灌木。原产于印度，中国广泛引种栽培。

茉莉高 0.5 ～ 3 米，小枝纤细，有棱角。单叶对生，薄纸质，圆形、椭圆形或宽卵形，长 3 ～ 8 厘米，先端急尖或钝圆，基部圆形，全缘。聚伞花序，通常有花 3 朵至多朵，花萼裂片线形，花冠白色，浓香。果球形，径约 1 厘米，紫黑色。花期 5 ～ 8 月。

茉莉喜光，稍耐阴，在夏季高温

茉莉的叶和花

潮湿、光照强的条件下开花最佳，否则花小而少。喜温暖气候，不耐寒，最适合生长温度 25 ～ 35℃。不耐旱，忌水涝。喜肥，宜在疏松、肥沃的土壤中生长。用扦插、压条、分株法繁殖均可。

茉莉枝叶茂密，叶色碧绿，花色清雅而香味纯正，观赏价值高。在中国华南、西南地区可露地栽培，作树丛、树群的下木，也可作花篱植于路旁。长江流域及其以北地区则盆栽观赏。其花也可用于制茶。

丁 香

丁香是木樨科丁香属落叶灌木或小乔木的统称。

丁香全属约 20 种，中国产 16 种，以秦岭及西南地区所产种类较多。野生种多分布在山地，栽培地区则主要在北方各省。丁香是中国传统庭园花木，有关丁香花较早的文字记载见于唐代诗词。因花筒细长如钉，且花芳香而得名。

植株高 2 ～ 8 米，叶对生，全缘或有时具裂，罕为羽状复叶。花两性，呈顶生或侧生的圆锥花序，花色紫、淡紫或蓝紫，偶见白色。花冠细漏斗状，具深浅不同的 4 裂片。蒴果长椭圆形，室间开裂。

丁香喜充足阳光，也耐半阴。适

丁香的花

应性较强，耐寒、耐旱、耐瘠薄，病虫害较少。以排水良好、疏松的中性土壤为宜，忌酸性土，忌渍涝、湿热。对氟化氢有较强的抗性，对煤气和其他有害气体也有一定的抵抗力。以播种、扦插繁殖为主，也可用嫁接、压条和分株繁殖。

丁香花为冷凉地区普遍栽培的花木，花序硕大、开花繁茂、花淡雅芳香，习性强健，栽培简易，适于种在庭园、居住区、医院、学校等园林绿地及风景区。可孤植、丛植或在路边、草坪、角隅、林缘成片栽植，也可与其他乔灌木尤其是常绿树种配植，个别种类可作花篱。亦可盆栽、做盆景或做切花。

桂　花

桂花是木樨科木樨属常绿灌木或乔木。又称木樨、岩桂、九里香等。

中国特有树种，原产于中国西南、中南地区，今湖北咸宁等地尚有野生桂花林。在长江流域广泛分布。春秋时期，古人已用桂花酿酒；汉初上林苑中栽植有桂花；明朝衡山神祠前的山路和夹道皆松、桂相间，长达 20 千米，蔚为壮观。18 世纪从中国传至欧洲。因其叶脉形如"圭"而得名。

◆ 形态和种类

桂花高可达 20 米。自然株形随树龄增长而有不同变化，从椭圆到圆球形，最后成扁圆形。叶对生、革质，椭圆形至椭圆状披针形，全缘或上半部疏生锯齿。叶腋间芽叠生，上层芽常分化为花芽。花小，簇生于叶腋，淡黄、乳白或橙红色，极芳香。核果椭圆形，熟时灰蓝色，含种子1粒。

桂花的主要变种有：①金桂，花黄色至深黄色，香味浓或极浓。②银桂，花近白色，香味浓或极浓。③丹桂，花橙色、橘红至浅橙，香味常较淡。④四季桂，植株较矮且萌蘖较多，花香不及上述品种浓郁，但每年花开数次或连续不断。

桂花的叶

桂花的花

◆ 生长习性

桂花性喜光，喜温暖通风环境，能耐高温，成年植株有一定耐寒力。要求排水良好、富含腐殖质的砂壤土。喜肥，忌积水和黏重土壤，怕煤烟。用压条、扦插、嫁接或播种繁殖均可，常用嫁接繁殖。

◆ 用途

桂花树形圆整，四季常青，开花时正值中秋季节，香气四溢，沁人心脾，是中国传统园林花木。可孤植、对植、列植、丛栽或成片种植。淮河以北地区多作盆栽。花朵是食品和轻工原料，枝、叶、花可入药。木质坚实细密，是雕刻良材。

龙脑香树

龙脑香树是被子植物真双子叶植物锦葵目龙脑香科冰片香属的一种。又称梅花脑树、山樟木、婆罗洲柚木。名出《名医别录》和《唐本草》。原产于苏门答腊、婆罗洲、马来半岛等地。主要分布在马来西亚和印度尼西亚湿润雨林地区。中国云南和海南岛有栽培。

龙脑香树是高大乔木，高 40～70 米，最高可达 76 米，径 1.2～1.8 米，粗达 3 米，常有星状毛或盾状鳞粃。单叶，厚革质，无毛，互生，卵形，长 4～6 厘米，宽 2～4 厘米，先端渐尖或短尖，基部楔形至圆钝，边缘全缘或至多部分反卷，叶柄短长 0.5～1 厘米。花两性，辐射对称，白色，芳香，圆锥花序顶生或腋生，稀为聚伞花序，长 7 厘米；花萼基部合生成筒，与子房离生或合生，上部裂片 5，披针形，无毛，结果时通常扩大成翅；花瓣 5，近长圆形，基部分离或稍合生，常被毛；雄蕊 5～15 或多数，花药纵裂，有延伸的药隔；心皮 3，合生，子房上位，3 室，中轴胎座，每室 2 胚珠，花柱 3 裂，无毛。坚果含 1 颗种子，常为增长的宿萼所围绕，长萼裂片中 2～3 枚或全部发育成狭长的翅。

龙脑香树的树脂有香气，早期龙脑香的正源，仅大树才能生产龙脑香，较小的树也产有香气的树脂，但不能制作龙脑香。作为香料，龙脑香至少从 6 世纪以来就是重要的国际贸易种类。老树干经蒸馏后所得的结晶化学成分为树脂，称龙脑、冰片或龙脑冰片（右旋冰片），为一种香料，可用作芳香开窍药。木材材质优良。龙脑香树因过度开发，仅存很小的种群，该种被列入国际濒危物种名录。

枳

枳是被子植物真双子叶植物无患子目芸香科柑橘属的一种。名出春秋末期的《周礼·考工记》："橘窬淮而北为枳，……此地气然也。"拉丁学名来源于其三小叶特征。

枳是中国特有种，广布于淮河以南、五岭以北地区，青岛、北京均可见露地栽培。本种是柑橘类中最耐寒的种类，橘过淮河即化为枳的概念是不确切的。

枳是落叶灌木或小乔木，全株无毛，密生棘刺，刺长1～7厘米，基部扁平。三出复叶，互生，小叶近革质，卵形、椭圆形或倒卵形，具透明油腺点，叶柄长1～3厘米。花两性，单生或成对腋生，先叶开放，有香气；萼片5，长5～6毫米；花瓣5，长2～3厘米，黄白色；雄蕊8～20，长短不等；心皮6～8，合生，子房上位，6～8室，胚珠多数。橘果球形，径3～5厘米，橙黄色，具茸毛，有香气。花期4～5月，果期8～10月。

枳的花

枳的橘果

枳以花和叶的形态分为大叶型与小叶型，或者另还有变异型。大叶型的花较大，出芽早，落叶迟，枝梢开张性，果皮上的毛较密。小叶型的花较小，出芽迟，落叶早，枝梢直立性，果皮上的毛稀疏。枳可与柑橘属及金橘属植物杂交，枳与甜橙的杂交种称为枳橙，枳与金橘杂交的杂种称为枳金橘。三属杂交种的枳橙金橘十分耐寒。在湖北、四川、湖南三省交界地区，有野生的枳与柑橘属植物的自然杂交种。产自湘西的与产自川东、鄂西的在形态和生理生态上都有差别。

枳的果实入药，其幼果称枳实，不去种子；嫩果整个制干称枳胎；采较大的果，去种子和部分肉瓤切片制成干枳壳。果和叶含枳苷、橙皮苷等多种黄酮苷类及辛弗林、茵芋碱等，中医用其破气消积、舒肝止痛、破气散结、消食化滞、除痰镇咳，也可提取有机酸。种子可榨油。叶、花、果、皮可提取芳香油。植物体的刺较为发达，可作为刺篱。

迷迭香

迷迭香是被子植物真双子叶植物唇形目唇形科迷迭香属的一种。原产于欧洲地中海地区，中国引种栽培。

迷迭香是多年生常绿小灌木。高可达 2 米，全株有香气。树皮深灰色，不规则开裂或脱落。幼枝密被白色星状绒毛。叶簇生，无柄或具不明显短柄。叶片条形，革质，长 1～3 厘米，宽约 2 毫米。上表皮常具光泽，近无毛，下表皮密被白色星状绒毛。叶全缘，先端钝，叶缘反卷。花簇生叶腋，常在短枝上组成密集的顶生总状花序。萼筒二唇形，钟状，外壁密被白色星状绒毛及腺毛。花冠蓝紫色，短小，长度不及 1 厘米，2 唇形，上唇裂片 2 枚，下唇裂片 3 枚。雄蕊 2 枚，花药 2 室，仅 1 室能育。雌蕊柱头不等 2 裂。小坚果 4 枚，卵球形，表皮光滑。

迷迭香用途广泛，是著名的香料植物，同时又是重要的药用及观赏植物。中药学认为其具有健胃、发汗、安神等功效。

迷迭香

百里香

百里香是被子植物真双子叶植物唇形目唇形科百里香属的一种。又称地椒。名始见《中国植物志》。因香气浓郁而得名。分布于中国西北至华北，生于海拔 1100 ～ 3600 米的石山、山坡、草地和山谷。

百里香为半灌木，多茎，高 2 ～ 10 厘米，基部及花序下部疏生柔毛。叶对生。下部茎生叶的叶柄可达叶片长度一半，上部茎生叶具短柄。叶片卵形，长可达 1 厘米，无毛，被腺点。叶基楔形。头状花序。基部小苞片早落。花萼筒管钟状或狭钟状，二唇形，基部被长柔毛，上部近无毛。花冠紫红色，紫色或粉红色，疏被柔毛；上唇直伸，先端微凹；下唇开展，3 裂。

百里香

雄蕊 4 枚，2 强，花药 2 室。雌蕊柱头 2 裂。小坚果卵球形至近圆形。花期 7 ～ 8 月，果期 9 ～ 10 月。全草入药，有健脾、祛风止痛之功效。

麝香草酚

麝香草酚的分子式是 $C_{10}H_{14}O$。属单环单萜。又称百里酚。片状结晶。熔点 49.6℃，沸点约 233℃。溶于乙醇、氯仿、乙醚和橄榄油，难溶于水（约 1 克 / 升）。自然界主要分布于唇形科植物，如百里香的全草。麝香草酚可由间甲苯酚与异丙醇酸催化反应制备。也可由对甲基异丙基苯、胡椒酮等原料经多步反应而获得。麝香草酚有特殊香气，具有祛痰、抗菌和杀菌作用，也有抗真菌和杀螨虫的作用。是制造药物、香料和化学试剂的原料。

檀　香

檀香是被子植物真双子叶植物檀香目檀香科檀香属的一种。名称由梵文 chandana 音译而来。

◆ 地理分布

檀香分布于热带地区，主要分布在印度尼西亚、马来西亚、印度半岛、中南半岛以及太平洋岛屿。已被广泛引种到中国、西澳大利亚、南太平洋等地人工栽培。印度栽培最多，是檀香的栽培中心和生产中心。中国广东、台湾也有栽培。

◆ 形态特征

檀香是常绿小乔木，高可达 10 米，具寄生根，为半寄生植物。枝圆柱状，淡灰褐色，具条纹，有多数皮孔和半圆形的叶痕；小枝细长，淡绿色，节间稍肿大。叶对生，椭圆状卵形，膜质，顶端锐尖，基部楔形或阔楔形，多少下延，边缘波状，稍外折，背面有白粉；叶柄细长，长 1～1.5 厘米。聚伞圆锥花序腋生或顶生；苞片 2 枚，微小，位于花序基部，钻状披针形，早落；总花梗长 2～5 厘米；花梗长 2～4 毫米，有细条纹；花被管钟状，淡绿色；花被 4 裂，裂片卵状三角形，内部初时绿黄色，后呈深棕红色，有 4 个蜜腺生于花被管中部；雄蕊 4 枚，与蜜腺互生；花盘裂片卵圆形；子房半下位；花柱 1，深红色，柱头浅3～4 裂。核果近球形，外果皮肉质多汁，成熟时深紫红色至紫黑色，内果皮具纵棱 3～4 条。种子圆形，光滑，有光泽。花期 5～6 月，果期 7～9 月。

檀香虽有根系，但自幼苗起其根必须寄生在适合的树种的根上，吸取寄主的氮和磷后才能正常生长。

◆ 功能作用

檀香茎部心材香气馥郁，质地坚实、纹理致密均匀、香味独特、防虫防腐，是制作精细工艺品和雕刻的优良材料，为商品檀香木的来源。芯材、碎材、木屑是制作高品质的线香、盘香及熏衣物、随身佩带香囊的天然用料。茎和根蒸馏后可得芳香的檀香油，其主要成分为檀香脑（$C_{15}H_{24}O$），用于配制香水和做檀香皂的香料。芯材亦为名贵的中药材，中医认为具有行气温中、开胃止痛的功效，临床可用于治疗冠心病、胆汁病、脘腹疼痛、胃痛、膀胱炎等疾病，可以消炎、抗菌、抗痉挛、镇咳、清热润肺、祛胃胀气、利尿、治疗皮肤病和止血崩。边材白色无香味。

檀香醇

檀香醇的分子式是 $C_{15}H_{24}O$。属檀香烷类倍半萜。

有两种结构类型不同的檀香醇：三环的 α- 檀香醇和二环的 β- 檀香醇。α- 檀香醇沸点 166 ～ 167℃（1.87 千帕），相对密度 0.9670（25/25℃），比旋光度 $[\alpha]_D^{20}$+17.2；溶于乙醇，微溶于丙二醇、甘油，几乎不溶于水。β- 檀香醇沸点 177 ～ 178℃（2.27 千帕），相对密度 0.9717（25/25℃），比旋光度 $[\alpha]_D^{20}$-90.5；溶于乙醇，几乎不溶于水。α 和 β 体均易与邻苯二甲酸酐在苯中反应生成酯，二者臭氧化都生成甲醛和丙酮。

檀香油中约含 90% 的檀香醇，主要为 α- 檀香醇。α- 檀香醇和 β- 檀香醇都可用作化妆品、肥皂和洗涤剂的香料。α- 檀香醇对皮肤癌等的一些癌症有拮抗作用，对人前列腺癌癌细胞的生长也有抑制效果。

茶树花

茶树花是山茶科山茶属茶树的花朵。2013 年 1 月 4 日根据《中华人民共和国食品安全法》和《新资源食品管理办法》有关规定，卫生部（今国家卫生健康委员会）批准茶树花为新资源食品。

◆ **生物学特性**

茶树一般从第 3 ～ 5 年就开始开花结实，直到植株死亡。在生物学形态上，茶树花属于两性花，着生于新梢叶腋间，单生或数朵丛生，一般有 1 ～ 3 朵腋生花，中等大小，有花柄，2 个苞片，生于花柄中部，早落。每朵由 6 ～ 11 片花瓣组成，花瓣中有 200 ～ 300 雄蕊，雄蕊 3 ～ 4 轮，外轮近离生；雌蕊位于雄蕊群中央，大小因品种而异，一般为白色，少数为淡黄色或粉红色。花朵基部有腺体，可分泌蜜汁和香气，吸引昆虫为其传播花粉。茶树的开花习性因品种、环境条件不同而有差异，同时还受茶树年龄等因素影响。在一般情况下，中国大部分茶树 9 月至 10 月下旬为始花期，10 月中旬至 11 月中旬为盛花期，11 月中旬至次年 2 月为终花期。中国南部茶区的花期则更长，可延续至次年 2 ～ 3 月，个别地区甚至全年可见茶花开放。所以，茶树具有开花期长、花量大、资源丰富等特点。

◆ **生化成分**

茶树花的生化成分主要包括：约 11% 茶皂苷、30% 蛋白质、35% 总糖、7% ～ 15% 茶多酚、1% ～ 4% 氨基酸、1% ～ 3% 黄酮类化合物、小于 1% 的咖啡碱。其中，缬氨酸、甲硫氨酸、异亮氨酸、亮氨酸、苯丙氨酸、赖氨酸等人体必需氨基酸含量较为丰富，并且含有多种维生素，如维生素 A、维生素 D、维生素 B_1、维生素 B_2、维生素 C、维生素 E、维生素 K。茶树花锰的含量比一般花粉高 20 ～ 30 倍，锌的含量比一般花粉高 10 倍。

茶树鲜花香气主成分为芳香醇类、萜烯醇类、脂肪醇类和芳香酮类化合物，占精油总含量的 84.1% ～ 95.6%。茶树花中主要物质为苯乙酮、芳樟醇、α- 苯乙醇、2- 苯乙醇、香叶醇、水杨酸甲酯等，其中苯乙酮、α- 苯乙醇、2- 戊醇、2- 苯乙醇、芳樟醇为茶树花的主要香气成分。

◆ 功效及应用

茶树花的功效有：①抗氧化作用。茶花提取物可以很好地清除羟自由基和 1,1- 二苯基 -2- 三硝基苯肼（DPPH）。②提高人体免疫力和抗肿瘤活性。茶树花多糖具有很好地提高人体免疫力和抗肿瘤的活性。③减肥和降血脂。④用于皮肤保水、锁水，保护弹性蛋白质和胶原蛋白质。

茶树花产品具有很好的应用前景，已经开发出茶树花系列化妆品有面膜、精华乳、身体乳、清洁系列产品、婴儿皂、女性皂、防脱发洗发液等。

茶花加工产品

茶花加工产品是采用茶树花为主要原料，应用特定加工技术加工而成的产品。

茶树鲜花富含蛋白质、茶多酚、茶多糖、茶皂素、黄酮类、氨基酸、维生素、微量元素和超氧化物歧化酶（SOD）等多种有益成分和活性

茶树花

茶树花茶

物质，与芽叶的主要化学成分大体相同。其中，蛋白质、茶多糖含量高于茶叶平均值。茶花具有调节内分泌、提高免疫力、解毒、抑菌、降脂、降低血糖和抗氧化等功效。

20世纪后期，中国学者就对茶树花的主要活性、成分及其利用开展过研究。2013年1月4日，中国国家卫生和计划生育委员会（今国家卫生健康委员会）发布的第1号文件将茶树花作为新资源食品，自此茶树花可以作为一般性食品进行生产和销售。截至2016年，采用茶树花为原料加工的产品主要包括茶树干花、茶树花茶、茶树花粉、茶树花提取物及其终端产品等。

艾纳香

艾纳香是被子植物真双子叶植物菊目菊科艾纳香属的一种。分布于中国广东、广西、云南、贵州等省区。生长于山坡或荒地路边。亚洲南部地区也有分布。

艾纳香是多年生草本或亚灌木，植株高达3米，茎基部木质，密生黄褐色绵毛。单叶互生，下部叶宽椭圆形或长圆状披针形，具柄，柄两侧有3～5对狭线形的附属物；上部叶长圆状披针形或卵状披针形，无柄或有短柄，柄的两侧常有 1 ～ 3 对狭线形的附属物；上面密生黄褐色短硬毛，背面有黄褐色密绢状绵毛。头状花序多数，再排成大圆锥状复花序；总苞钟形，总苞片条形，密生绵毛；花黄色，雌花花冠细管状，外形看似呈丝状，两性花花冠筒状。瘦果矩圆形，被密柔毛；冠毛黄褐色，糙毛状。花期几乎全年，主要采用无性繁殖。

艾纳香

艾纳香的叶四季可采，含有龙脑，可用于调制香精。用其蒸馏所得的白色艾粉，复制成艾片（又称冰片、艾脑香），为中医的芳香开窍药；也用于防腐、杀菌或作兴奋剂。

沉　香

沉香是瑞香科沉香属植物。别称白木香、土沉香、牙香树、女儿香、莞香、香树、香麻树。全世界有沉香约 15 种，主要分布于印度、印度尼西亚、马来西亚、柬埔寨及越南等国家。中国只有 1 种，土沉香，又称白木香，是国家 II 级保护野生植物。

◆ 形态特征

沉香是常绿大乔木。树高可达 20 米，胸径可达 100 厘米，主根发达，须根较少。树冠伞形，树皮灰褐色，较平滑，易剥落，常伴有灰白色树斑；内皮白色，有坚韧的纤维；幼枝褐色，被柔毛。单叶互生；革质，长卵形、倒卵形或椭圆形，长 5 ～ 14 厘米，宽 2 ～ 6.5 厘米，先端渐尖，两面无毛，有光泽；叶柄短。伞状花序顶生和腋生，总花梗被毛；花被黄绿色，钟状，5 裂，芳香，有毛；花梗长 5 ～ 10 毫米，花萼浅钟形，长约 6 毫米，有 10 枚鳞片状花瓣，雄蕊 10 枚，1 轮，长丝长约 1 毫米，着生于花被筒喉部；子房上位，2 室，密被毛。开花后 4 ～ 5 周开始挂果，约 2 个月后果实成熟。蒴果木质，长 2 ～ 3 厘米、宽约 2 厘米，倒卵形，顶端具短尖头，基部收狭并有宿存的花萼，果实表面被有短柔毛，未成熟前表皮呈青绿色，成熟后表皮呈黄色，果实成熟后很快开裂为 2 ～ 3 果瓣，每个果实有种子 1 ～ 4 粒，种子略呈圆形，成熟时表面呈黑褐色且有光泽，饱满，顶端急尖，基部带有长约 2 厘米的尾状附属体，红棕色。种仁白色，富含油分。种子容易丧失发芽力，不耐贮藏。

◆ **生态习性**

沉香是热带、亚热带树种，自然分布在中国北纬 24° 以南地区，从海拔 1000 米至低海拔的丘陵、平原，都有野生分布和栽培，尤其是在海拔 400 米以下的地方比较常见。主要分布于海南、广东、广西、福建、云南、台湾等省区。自然分布区年平均气温 19 ～ 25℃，适宜生长的气候条件是年平均温度 20℃ 以上，最高气温可达 37℃ 以上，最低气温 3℃。喜高温多雨、湿润的气候条件。适宜降水量为年平均降水量 1500 ～ 2000 毫米，相对湿度 80% ～ 88%。

沉香幼龄时较耐阴，不耐烈日暴晒，荫蔽度以 40% ～ 60% 为宜。成龄后则喜光，光照可保证正常开花结果，种子饱满粗壮，并促进结香、产高质量香。在光照短、湿度大的高山环境或较为避风的山谷和山腰密林中均有其生长优势树的存在。对土壤条件要求颇严,喜生于排水和透水性良好、土层深厚,有腐殖质的湿润、疏松的砂壤土。在疏松、肥沃、湿润的土壤上生长迅速且长势旺盛。在贫瘠干旱地带,生长速度缓慢。在火山岩地区,岩石裸露、土层浅薄的地方也能生长,但长势不良,在盐碱地或长期积水的涝地上不能生长。种子播种入地后 10 天左右便开始发芽出土,刚出土时有两片子叶,7 天后出现真叶,半年后,高生长可达 40 厘米,地径生长可达 0.5 厘米。在热量丰富、水分条件好的"湿热"地区,种植 3 年后,幼树可开花结实,一般是 3 ~ 5 月开花,6 ~ 8 月果实成熟。

◆ **主要类别**

沉香分为"普通沉香"和"沉水香"。"普通沉香"大多不沉于水,断面呈刺状,燃烧时发浓烟,并有黑色油状物渗出,有特异香气,以体重大、含油多、香气浓烈者为佳。"沉水香"质坚硬而重,能沉入水或半沉于水,气味较浓,燃烧时发浓烟,并有黑色油状物渗出,香气强烈,以色黑、质坚硬、油性足、香气浓而持久、能沉水者为佳。

◆ **用途**

沉香是珍贵的药用植物,也是生产中药沉香的唯一植物资源,具有悠久的药用历史。沉香的树干受机械损伤、虫蛀或伤病后,刺激树体内树脂分泌,在某种真菌的感染与作用下,经过一系列化学变化后,这些分泌物长期沉积于木质中,结聚成中药"沉香";中药"沉香"年代越久,"树脂"含量越高,品质越好。沉香辛、苦,性微温,具有行气止痛、温中止呕、纳气平喘的功效，用于治疗胸腹胀闷疼痛、胃寒呕吐呃逆、肾虚气逆喘急等。沉香自古以来都作为名贵药材和高级香料被广泛应用，沉香精油可用于制造高级香水和化妆品；沉香的树皮纤维柔韧、色白而细，是制作打字蜡纸、皮纸和钞票纸等高级纸张和人造棉的优质原料；沉香种子含油率高，可以制造高级香皂和润滑油；沉香叶抗氧化活性显著，已被开发为保健饮品。

西番莲

西番莲是西番莲科西番莲属草质藤本植物。俗称百香果、鸡蛋果、巴西果。

西番莲

西番莲原产于南美洲的巴西至阿根廷一带，广植于热带和亚热带地区。中国适宜生长区域有福建、广东、海南、广西、云南、贵州、台湾等地。主要有紫果和黄果两大类。

◆ 形态特征

西番莲是草质藤本，茎具细条纹，无毛。叶纸质，长 6～13 厘米，宽 8～13 厘米，基部楔形或心形，掌状 3 深裂，中间裂片卵形，两侧裂片卵状长圆形，裂片边缘有内弯腺尖细锯齿，近裂片缺弯的基部有 1～2 个杯状小腺体，无毛。聚伞花序退化仅存 1 花，与卷须对生。花芳香，直径约 4 厘米，花梗长 4～4.5 厘米。苞片绿色，宽卵形或菱形，长 1～1.2 厘米，边缘有不规则细锯齿。萼片 5 枚，外面绿色，内面绿白色，长 2.5～3 厘米，外面顶端具一角状附属器。花瓣 5 枚，与萼片等长。外副花冠裂片 4～5 轮，外 2 轮裂片丝状，约与花瓣近等长，基部淡绿色，中部紫色，顶部白色，内 3 轮裂片窄三角形，长约 2 毫米；内副花冠非褶状，顶端全缘或为不规则撕裂状，高 1～1.2 毫米。花盘膜质，高约 4 毫米。雌雄蕊柄长 1～1.2 厘米。雄蕊 5 枚，花丝分离，基部合生，长 5～6 毫米，扁平；花药长圆形，长 5～6 毫米，淡黄绿色。子房倒卵球形，长约 8 毫米，被短柔毛；花柱 3 枚，扁棒状，柱头肾形。浆果卵球形，直径 3～4 厘米，无毛，熟时紫色、黄色。种子多数，卵形，长 5～6 毫米。花期 4～10 月，果期 7～12 月。

西番莲的种子

◆ **生长习性**

西番莲为喜温、喜光、喜湿润气候的亚热带果树，适合在背风向阳的平地或缓坡地、有水源、排灌方便、土层 50 厘米以上、土壤疏松透气、有机质含量高、土壤 pH5.5～6.5 的地方种植。最适宜的生长温度为 25～32℃，-2℃ 时植株严重受害，年平均气温 18℃ 以上的地区适宜露地种植。

◆ **繁殖和栽培**

西番莲的繁殖方式包括种子繁殖、扦插繁殖、嫁接繁殖、组培繁殖。种植西番莲，要求种植带宽、穴大、表土充足、根圈大、架高和密度合理。

西番莲为攀缘植物，必须搭架栽培。架式主要有棚架、篱壁架、门架、垂帘式和 T 形架。平地水田要高畦种植，以防积水。可用镀锌管、水泥柱或竹子等搭水平棚架，柱高约 2.0 米，以塑钢线或尼龙线成方格搭架。

◆ **养护管理**

西番莲养护管理包括：①土壤管理。种植当年要勤松土除草，保持土壤湿润而不积水。②施肥。生长量大，周年都在开花结果，属高需肥果树。施肥应以有机肥为主，配合复合肥，结合微量元素肥。③整枝修剪。幼苗定植成活后留 1 条主蔓上架，抹去过多侧芽。主蔓上架后打顶摘心，留 4～6 条侧蔓，并分布均匀，及时绑缚。④病虫害防治。病害主要有花叶病、根腐病、茎基腐病、炭疽病等。抗病性中等。要保持田间湿润度，做好排水工作，尤其是低洼地果园，以防止土壤过湿积水诱发病害。远离瓜类和茄果类蔬菜，冬季用石硫合剂等清园处理，及时清除烧毁病枝病叶。

◆ **作用**

西番莲的果汁色、香、味、营养极佳，富含人体必需的 17 种氨基酸及多种维生素、微量元素等，适合生产果汁、果冻、果露、果酱等产品，具有消除疲劳、提神醒酒、降脂降压、消炎祛斑、护肤养颜等功效。果可生食或制作果汁，有果汁之王的美称。果瓤多汁液，可制成芳香可口的饮料，还可添加在其他饮料中以提高饮料的品质。种子榨油，可供食用和制皂、制油漆等。花大而美丽，没有香味，可作庭园观赏植物。入药具有兴奋、强壮之效。

蕙 兰

蕙兰是兰科兰属植物。

蕙兰产于中国陕西南部、甘肃南部、安徽、浙江、江西、福建、台湾、河南南部、湖北、湖南、广东、广西、四川、贵州、云南和西藏东部等地。生于海拔700～3000米湿润但排水良好的透光处。尼泊尔、印度北部也有分布。

蕙兰

◆ **形态特征**

蕙兰是地生草本，假鳞茎不明显。叶5～8枚，带形，直立性强，长25～80厘米，宽（4～）7～12毫米，基部常对折而呈V形，叶脉透亮，边缘常有粗锯齿。花葶从叶丛基部最外面的叶腋抽出，近直立或稍外弯，长35～50（～80）厘米，被多枚长鞘。总状花序具5～11朵或更多的花。花苞片线状披针形，最下面的1枚长于子房，中上部的长1～2厘米，约为花梗和子房长度的1/2，至少超过1/3。花梗和子房长2～2.6厘米。花常为浅黄绿色，唇瓣有紫红色斑，有香气。萼片近披针状长圆形或狭倒卵形，长2.5～3.5厘米，宽6～8毫米。花瓣与萼片相似，常略短而宽。唇瓣长圆状卵形，长2.0～2.5厘米，3裂。侧裂片直立，具小乳突或细毛。中裂片较长，强烈外弯，有明显、发亮的乳突，边缘常皱波状。唇盘上两条纵褶片从基部上方延伸至中裂片基部，上端向内倾斜并会合，可形成短管。蕊柱长 1.2～1.6 厘米，稍向前弯曲，两侧有狭翅。花粉团 4 个，成 2 对，宽卵形。蒴果近狭椭圆形，长 5～5.5 厘米，宽约 2 厘米。花期 3～5 月。

◆ **品赏**

蕙兰以植姿雄伟、花朵硕大而为人们所喜爱。蕙兰是中国栽培最久和最普及的兰花之一，古代常称之为"蕙"。北宋诗人、书法家黄庭坚在其《书幽芳亭》中说"盖

蕙兰的花

兰似君子，蕙似士"，这句话开蕙兰品赏之门径。清初文学家、花卉家李渔《蕙兰》中有："其所以逊兰者，不在花与香而在叶……蕙之叶偏苦其长……病其太肥。"从总体来说，如栽培得好，蕙兰植株较春兰高大，花枝大且高，花朵也多，十分豪壮亮丽，香气四溢。

蕙兰传统名品老八种有大一品、程梅、上海梅、关顶、元字、染字、潘绿、荡字，传统名品新八种有楼梅、翠萼、极品、庆华梅、江南新极品、端梅、崔梅、荣梅。传统上通常按花茎和鞘的颜色分成赤壳、绿壳、赤绿壳、白绿壳等；按花形分成荷瓣、梅瓣和水仙瓣等；花上无其他颜色、色泽一致的称为素心。

蕙兰的品赏自瓣型说出现之后，特别注重花朵的瓣型，以梅瓣、水仙瓣为贵，捧舌以圆紧质厚为好，外三瓣（萼片）以宽圆糯质为佳，其名品多为此类瓣型。蕙兰的荷瓣很少，新近发现类荷瓣的也较受欢迎。蕙兰蝶瓣、奇花类色彩斑斓、光辉夺目，尤以瓣舌多而色彩艳者受追崇。

素心类也多受喜爱。蕙兰多为黄绿色花，如出现红花、紫花、黑花、乳白花则非常受器重，以色艳者更佳。花瓣萼瓣质厚、糯、玉质化者也常为佳品。蕙兰花枝粗大，花朵多，因而品赏时应注意整枝花中各花朵间的布局是否错落有致，香气是否醇美。叶艺秀丽者也为佳品，偶见叶艺、花艺、瓣型皆具者，则备受青睐。

◆ 用途

蕙兰植株挺拔，花茎直立或下垂，花大色艳，主要用作盆栽观赏。适用于室内花架、阳台、窗台摆放，更显典雅豪华，有较高品位和韵味。如多株组合成大型盆栽，则适合宾馆、商厦、车站和候机厅布置，气派非凡，引人注目。

红千层

红千层是桃金娘科红千层属常绿乔木。又称瓶刷子树、红瓶刷、金宝树。

红千层原产于澳大利亚。中国引进已有百年历史，中国台湾、广东、广西、福建、浙江等地均有栽培。因花形极似瓶刷，所以被称为"瓶刷子树"。

红千层的树皮坚硬，灰褐色；嫩枝有棱。叶片坚革质，线形，先端尖锐，油腺点明显，叶柄极短。穗状花序生于枝顶；

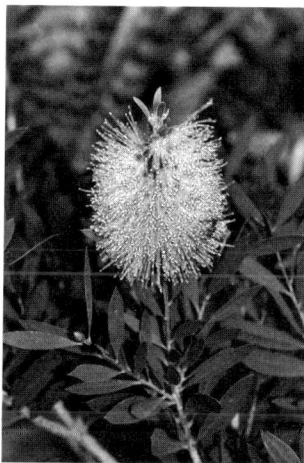

红千层的雄蕊

花瓣绿色，卵形；雄蕊长 2.5 厘米，鲜红色，花药暗紫色，椭圆形。蒴果半球形，3 片裂开，果片脱落；种子条状，长 1 毫米。花期 6 ～ 8 月。

红千层以播种繁殖为主，也可扦插繁殖，不易移植成活。属阳性树种，耐 -5℃ 低温和 45℃ 高温，生长适温为 25℃ 左右，幼苗在南方可露地越冬。对水分要求不严，但在湿润条件下生长较快。长江以南自然条件下每年春、夏开两次花。人工催花可在元旦、春节开花。萌发力强，耐修剪。由于极耐旱、耐瘠薄，也可在城镇近郊荒山或森林公园等处栽培。

红千层树姿优美，花形奇特，适应性强，观赏价值高，适用于庭院美化，为高级庭院美化观花树、行道树、园林树、风景树，还可作防风林、切花或大型盆栽，并可修剪整枝成盆景。红千层还是香料植物，其小叶芳香，可供提香精油。鲜叶出油 0.75% ～ 1.20%，主成分 1,8- 桉叶素含量较高为 69.56%，与桉油大王桉树不相上下，也是生产桉叶油的植物资源。其精油用作调配化妆品、香皂、日用品、洗涤剂的香精，也用于医药卫生。

第 **4** 章

芳香植物

　　芳香植物是营养器官或生殖器官内能分泌和积累挥发性芳香物质的植物，可作为日常生活和工业用赋香原料的一类人工栽培植物。

◆ **发展概况**

　　在古代，中国、埃及、美索不达米亚和希腊、罗马人早已知道利用芳香植物，但当时都限于利用植物本身。用蒸馏法从植物中提取芳香油的尝试始于 13 世纪。16 世纪，欧洲人从芳香植物中提取精油，如松节油、迷迭香油、穗薰衣草油等获得成功。19 世纪以来，芳香植物的发掘和利用随着科学技术的发展而迅速扩大。至 21 世纪，全世界已发现芳香植物近 100 个科 200 个属 1500 多种，大多分布在热带和亚热带地区。中国对芳香植物的利用，早在《诗经》《楚辞》《尔雅》和先秦诸子著作中就已有所反映。战国时期已用芳香植物蒸肉、掺饭食和浸酒，以增进菜肴、主食、酒浆的香味。明朝李时珍《本草纲目》列有芳香类 56 种，此外还有很多芳香植物分别收录于该书的蔬部、果部和木部中。至 20 世纪 80 年代初，中国已发现芳香植物 350 多种，正式用于生产香料的约 100 种。分布地区几遍全国，其中有些省、自治区、直辖市已成为重要芳香作物的栽培基地。如江苏、安徽的薄荷、留兰香，广东的茉莉、岩兰草、香茅，广西的桂花、八角、肉桂，福建的白兰花、金合欢，新疆的薰衣草，陕西的香紫苏，云南的依兰香，四川的柠檬，浙江的代代花、墨红月季，山东的玫瑰，贵州的香柏、桂花，以及湖南的山苍子等。

◆ **芳香物质的提取方法**

挥发性芳香物质是某些植物通过一系列酶促反应转化而来的次生产物，对植物本身可能具有防止病原菌侵入和驱避害虫的保护作用，以及引诱昆虫传粉的吸引作用。它们存在于根、茎、叶或花、果实、种子等器官中，由腺体分泌。但有些植物体内芳香物质的存在仅局限于某一器官，而有的植物则几种器官甚或各个器官均有存在。多数为游离状态，少数则与糖结合而构成苷类。苷类状态的含香物质只有在适当的温度条件下，通过酸、碱或酶的作用，才能分解释放。

提取挥发性芳香物质的主要方法有：①水蒸气蒸馏法。将原料均匀装入蒸锅内的多孔蒸垫上，加水于蒸垫之下，煮沸或通入蒸汽，达沸点时，芳香物质即从植株组织内的油细胞中逸出，并与水一起汽化为混合蒸汽，经导管进入冷凝器。蒸汽凝结成水和油的混合液后流入油水分离器，因油水比重不同，二者可自动分离。所得产品为精油，如薄荷油、香叶油等。②挥发性溶剂浸提法。有些原料，如某些鲜花类或因蒸馏时的高温易使芳香成分变质，或因其沸点高而难以蒸出，需要采用此法。操作时先将原料浸入一定容积的挥发性溶剂（如石油醚等）中，溶剂渗透细胞壁后即对原生质中的精油作选择性溶解，再扩散到细胞外，转移入溶剂中。经过滤，浸提液先在常压下、再在真空下蒸出溶剂，即得半固体状浸膏。如茉莉浸膏、白兰浸膏等。浸膏用酒精抽提可得净油。

③磨榨法。主要用于提取柑橘类精油。用磨果机或压榨机的尖刺突起刺破果皮外层的油囊，使精油流出，再使油水混合液澄清、过滤、离心分离，获得精油。压榨后的残渣可再用蒸馏法回收其中的残存精油。如橘皮油等。

◆ **用途**

从植物中提取的芳香产品调配成香精和其他赋香原料后，主要用于：①食品加香和调味，如加于糖果、饮料的香精等。②日用化学品、化妆品、卫生用品加香，如香皂、牙膏、香水、卫生熏香等。③配制药品，如用于制清凉油的薄荷油、薄荷脑等。④提取单离香料，如从小茴香油中单离出大茴香脑。⑤作为某些合成香料的原料，如山苍子油（主要含柠檬醛）可用以合成紫罗兰酮系列产品。⑥烟草、文具用品等的加香。

薄　荷

薄荷是唇形科薄荷属多年生草本植物。又称南薄荷、蕃荷菜、夜息香、野仁丹草等。以干燥地上部分入药，名为薄荷。

薄荷广泛分布于中国各地。曾主产于江苏、安徽，称为苏薄荷；江西、四川、云南也有栽培，但栽培面积较小，现新疆地区栽培面积较大。产区在间套作、肥料试验等方面的研究已取得较大进展。其他国家亦有栽培，其中以印度生产规模最大。

◆ **形态特征**

薄荷株高达 100 厘米，有芳香。根
状茎细长，白色或浅绿色，伸展在土中；
地上茎直立，基部稍倾斜，棱形，具分
枝，无毛或略有倒生的柔毛，角隅及近
节处毛较显著。叶对生，叶形变化较大，
卵状披针形、长圆状披针形至椭圆形，
长 2～7 厘米，宽 1～3 厘米，先端锐
尖或渐尖，基部楔形，边缘具细锯齿。
侧脉 5～6 对，两面具柔毛及黄腺鳞，

人工栽培薄荷

下面较密。轮伞花序腋生，球形，有梗或无梗，苞片数枚，条状披针形；
花萼管状钟形，长 2～3 毫米，外被柔毛及腺鳞，具 10 脉，萼齿狭三
角状钻形，缘有纤毛；花冠淡紫色或白色，冠檐 4 裂，上裂片顶端 2 裂，
较大，冠喉内被柔毛；雄蕊 4，前对较长，均伸出花冠之外。小坚果长
卵圆形，褐色或淡褐色，具小腺窝。花期 7～10 月。果期 8～11 月。

◆ **生长习性**

薄荷在海拔 2100 米以下地区均可生长，300～1000 米最适宜。除
过砂、过黏、酸碱度过重，以及低洼排水不良的土壤外均能种植，以土
壤 pH 为 6～7.5 的砂壤、冲积土为宜。

薄荷再生能力较强，地上茎叶收割后，又能抽生新的枝叶，并开花
结实，故中国多数地区 1 年收割 2 次，分别称为"头刀"与"二刀"，
其生长周期均可分为苗期、分枝期、现蕾开花期。从出苗到分枝出现为

苗期，自出现第 1 对分枝到开始现蕾的阶段为分枝期，现蕾开花期"头刀"薄荷在 6 月下旬至 7 月中下旬，"二刀"薄荷约在 10 月上中旬。

薄荷地下根茎宿存越冬，能耐 -15℃ 低温。春季地温稳定在 2～3℃时，根茎萌动，8℃ 时出苗，早春刚出土的幼苗能耐 -5℃ 的低温。气温低于 15℃ 时生长缓慢，高于 20℃ 时生长加快，生长最适宜温度 25～30℃。秋季气温降到 4℃ 以下时，地上茎叶枯萎死亡。生长期间昼夜温差大，利于薄荷油和薄荷脑的积累。

薄荷属长日照作物，喜阳光，喜湿润环境，不同生育期对水分要求不同。"头刀"薄荷的苗期、分枝期要求土壤保持一定的湿度。到生长后期，特别是现蕾开花期，对水分的要求则减少，收割时以干旱天气为好。"二刀"薄荷的苗期由于气温高，蒸发量大，生产上又要促进薄荷快速生长，所以需水量大，伏旱、秋旱是影响"二刀"薄荷出苗和生长的主要因素。"二刀"薄荷封行后对水分的要求逐渐减少，尤其在收割前要求无雨，才有利于高产。

◆ **繁殖方法**

薄荷可用根茎繁殖、扦插繁殖或种子繁殖。生产上多用根茎繁殖，扦插繁殖在新产区扩大生产中使用，种子繁殖在育种中使用。①种子繁殖。每年 3～4 月将薄荷种子与少量干土或草木灰掺匀播到苗床，覆土 1～2 厘米，覆盖稻草、浇水，2～3 周出苗。但幼苗生长缓慢，易发生变异。②根茎繁殖。薄荷种茎有通过扦插繁殖的种茎或收获后遗留在地下的地下茎两种，前者粗壮发达，白嫩多汁，黄白根、褐色根少，无老根、黑根，质量好。采用开沟条播或撒播。在整好的畦面上，按

25～33厘米的行距开沟，播种沟深度为5～7厘米，干旱天气宜深，土壤黏重、易板结的要浅。播种量秋播用白色根茎50～70千克/亩，如种根粗壮需适当增加数量；夏播以150千克/亩为宜。

◆ 栽培管理

包括：①选地与整地。选土质肥沃，土壤pH为6～7，保水、保肥力强的壤土、砂壤土。老产区不选薄荷连茬地，或前茬为留兰香的地块；新产区以玉米、大豆田为好。种植地块应在前茬收获后及时翻耕、做畦，一般畦宽为1.2米左右，整成龟背形。要求畦面整平、整细。②田间管理。包括查苗补缺、去杂去劣、中耕除草、摘心、追肥、排水灌溉。

◆ 病虫害防治

薄荷的病虫害包括：①锈病。主要为害叶片和茎。一经为害，叶片黄枯反卷、萎缩而脱落，植株停止生长或全株死亡，导致严重减产。防治方法：加强田间管理、改善通风条件、降低株间湿度，以增强抗病能力；发现少数病株立即拔除；发病后用化学药剂防治；如在收获前夕发病，可提前数天收割。②薄荷斑枯病。又称白星病。严重时引起叶片枯萎，造成早期落叶。防治方法：收获后清除病残体，生长期及时拔除病株，集中烧毁，以减少田间菌源；选择土质好、容易排水的地块种植薄荷，并合理密植，使行间通风透光，减轻发病；实行轮作；发病期喷洒药剂。③主要害虫有小地老虎、银纹夜蛾和斜纹夜蛾。防治方法：用杀虫剂防治或采用物理方法诱杀。

◆ 采收加工

以薄荷油量为评价指标，适宜采收期分别为 7 月下旬、10 月上中旬。选晴天中午进行收割。以药材为主的，收割后的运回摊开阴干 2 天，然后扎成小把，继续阴干或晒干。晒时经常翻动，防止雨淋着露。以原油销售为主的进行薄荷油提取。薄荷蒸馏方法有水中蒸馏、水蒸气蒸馏和水上蒸馏 3 种类型。

◆ 药用价值

薄荷药材味辛，性凉。入药历史悠久。《药性论》载"去愤气，发毒汗，破血止痢，通利关节"。《唐本草》曰"主贼风，发汗。（治）恶气腹胀满。霍乱。宿食不消，下气"。《本草图经》有"治伤风、头脑风，通关格，小儿风涎"。《本草纲目》称"利咽喉、口齿诸病。治瘰疬，疮疥，风瘙瘾疹"。故中医认为有疏散风热、清利头目、利咽、透疹的功效。用于风热感冒、头痛、目赤、咽痛、口疮、风疹、麻疹等症。经常和荆芥配伍用在解表、清头目、利咽喉、止痒、透疹等治疗。全草含挥发油，称薄荷油，油中含 L- 薄荷脑、L- 薄荷酮、薄荷酯类，以及 D-8- 乙酰

薄荷药材

氧香芹艾菊酮等。薄荷油也是医药卫生、日用化工、食品工业等重要原料之一。

椒样薄荷

椒样薄荷是唇形科薄荷属多年生宿根性草本植物。又称辣薄荷、胡椒薄荷。由绿薄荷与水薄荷杂交而成。

椒样薄荷起源于欧洲。自然分布于地中海、欧洲南部、北美洲、亚洲。在欧洲、中国、日本、美国均有种植。

◆ 形态特征

椒样薄荷高 30 ～ 100 厘米。地上茎有匍匐茎和直立茎两种，匍匐茎走茎发达，肉质，节上生根。茎四棱、光滑。叶片长 4 ～ 9 厘米，宽 1.5 ～ 4 厘米，颜色深绿具红色叶脉，

椒样薄荷

叶片先端锐尖、叶片边缘具锯齿；叶片与茎通常具轻微绒毛。轮伞花序在茎顶端集合成圆柱形先端锐尖的穗状花序，花序长 6 ～ 8 厘米；花冠唇形，淡紫色，直径 5 毫米。花期 7 ～ 8 月。

◆ 生长与繁殖

椒样薄荷性喜温暖、湿润的环境，在生长期一般能耐 40℃ 的高温，成年植株的地上部分遇重霜后渐渐枯萎，地下部分能耐 -20℃ 左右的低温，幼苗期遇 -6℃ 的低温，只是叶面呈暗红色，并不受严重损害。

薄荷的繁殖方法主要有茎秆繁殖法、地下根茎（种根）繁殖法、移苗繁殖法、匍氧茎繁殖法、地上枝条繁殖法、种子繁殖法等。茎秆繁殖

法和移苗繁殖法通常作为薄荷品种复壮、提纯的有效措施，而大田栽培一般采用地下根茎繁殖法。

常用的育种方法为杂交育种、诱变育种及转基因育种。

◆ **栽培管理**

包括：①选地与整地。选择地势平坦，排灌方便，通风向阳，土层深厚，土质疏松富含有机质的壤土和砂壤土栽培场所为宜。犁地深度达25厘米以上，整地要求达到"齐、平、松、碎、墒、净"六字标准。②田间管理。根据各生长阶段的不同要求及环境条件的变化进行。显行后立即进行中耕除草。根外追肥以尿素为主，一般遵守苗期轻施、中期重施、后期少施的原则。薄荷苗高 10 ～ 15 厘米时根据苗情，亩施尿素10 千克，苗高 40 厘米左右，重施分枝肥，亩施尿素 10 ～ 15 千克，分两次施入，现蕾期进行叶面施肥，亩用磷酸二氢钾 200 克 2 ～ 3 次叶面喷施。荷幼苗期根系尚未形成，需水量不大，但要及时小水畦灌，灌好促苗水，一般隔 15 ～ 20 天灌一水，全生育期灌 5 ～ 6 水。最后一水截止在初花期。

◆ **病虫害防治**

常见病害为根腐病、病毒病等，常见虫害为红蜘蛛、跳甲、薄荷黑小卷蛾等。通过倒茬轮作、加强田间管理、改善通风透光条件等措施预防病虫害。

◆ **采收与加工**

采收椒样薄荷地上全株与叶片。盛花期采收，以主茎花穗有 60%以上开花即可收割；割后晾 12 ～ 24 小时，及时加工蒸馏。新鲜植物茎叶中含 0.8% ～ 1% 精油，干植物茎叶中含 1.3% ～ 2% 精油。

◆ 价值

椒样薄荷精油主要成分为薄荷醇、薄荷酮，此外还包括 (+/-)- 乙酸薄荷酯，1,8- 桉叶油素，柠檬烯、β- 蒎烯和 β- 石竹烯等。椒样薄荷精油被广泛地应用于医药、食品、化妆品、香料、烟草等工业。精油经加工后可得到薄荷脑和素油。由于椒样薄荷精油抗菌、杀真菌活性较高，以及清凉的味道，常用于日化产品添加剂，例如香皂、香波、面霜、牙膏等。椒样薄荷精油味辛、性凉，用于治疗风热感冒、头痛、目赤、咽喉肿痛、口舌生疮、牙痛、荨麻疹等。薄荷醇具有显著的镇痛活性，可以激活 TRPM8（可以被寒冷激活的受体）通道，即使温度不变化，也会产生的凉爽感觉。薄荷酮能够抑制炎症反应，具有潜在的抗抑郁作用。椒样薄荷精油也可作为天然杀虫剂、杀菌剂、杀线虫剂等，例如添加 0.54 克 / 千克的椒样薄荷精油可有效防治白蜡螟。

柠檬桉

柠檬桉是桃金娘科伞房属大乔木。又称油桉树、留香久。

柠檬桉原产地在澳大利亚、印度尼西亚、菲律宾和巴布亚新几内亚。中国广东、广西及福建南部有栽种，尤以广东最常见，多作行道树，在广东北部及福建生长良好。

◆ 形态特征

柠檬桉高 28 米，树干挺直；树皮光滑，灰白色，大片状脱落。幼态叶片披针形，有腺毛，基部圆形，叶柄盾状着生；成熟叶片狭披针形，宽约 1 厘米，长 10 ～ 15 厘米，稍弯曲，两面有黑腺点，揉之有浓厚的柠檬气味；过渡性叶阔披针形，宽 3 ～ 4 厘米，长 15 ～ 18 厘米；叶柄长 1.5 ～ 2 厘米。圆锥花序腋生；花梗长 3 ～ 4 毫米，有 2 棱；花蕾长倒卵形，长 6 ～ 7 毫米；萼管长 5 毫米，上部宽 4 毫米；帽状体长 1.5 毫米，比萼管稍宽，先端圆，有 1 小尖突；雄蕊长 6 ～ 7 毫米，排成 2 列，花药椭圆形，背部着生，药室平行。蒴果壶形，长 1 ～ 1.2 厘米，宽 8 ～ 10 毫米，果瓣藏于萼管内。花期 4 ～ 9 月。

柠檬桉

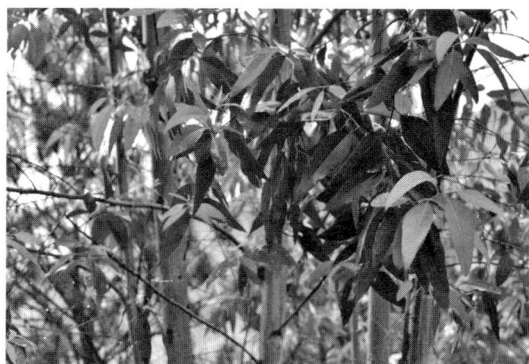

柠檬桉的叶

◆ 生长与繁殖

柠檬桉喜高温多湿气候，能耐短期 -3℃ 低温和轻霜，不耐严寒。最高海拔分布为 600 米，年降水量为 600 ～ 1000 毫米的地区，喜湿热、深厚、疏松和肥沃土壤。采用种子繁殖或无性繁殖。育种方法主要有杂交育种、分子标记辅助育种。

◆ 栽培管理

栽培管理包括：①选地与整地。选择离村庄较远、无牲畜践踏、略带黏质的肥沃半砂泥田作育苗地。苗圃地要做到三犁三耙，耙好耙平后，再用人工推平，随后把水排干，待晒至田边微有鸡爪裂痕时，立即起畦。②田间管理。根据各生长阶段的不同要求及环境条件的变化进行。每隔几天视天气情况喷水，保持湿润，6～8天后便可出苗。当苗高3厘米时开始施农家肥。当苗高至17厘米以上时，可停止施肥，等待移植。及时除草，成苗后每年春进行除草松土，除草时勿伤害根茎和叶。夏季以后，以培土为主，防止倒伏。雨天注意排水，一旦积水会造成大片死亡。

◆ 病虫害防治

病害主要有溃疡病、苗茎腐病。主要虫害有白蚁、红脚绿金龟子。

◆ 采收与加工

叶片和果实。修枝采叶或萌蘖采叶，每年可采收2～3次。采用水蒸气蒸馏法提取。

◆ 价值

柠檬桉木材纹理较直，易加工，质稍脆，伐后经水浸渍，能提高抗虫害蛀食，是造船的好木材；树皮可提制栲胶和阿拉伯胶。枝叶含精油，是香料工业中重要的原料之一。精油可用于香料，是香皂、香水等用品的重要原料。具有杀菌作用，可用于医药。具有驱蚊作用，可用于十滴水、清凉油、防蚊油等。

欧洲刺柏

欧洲刺柏是柏科刺柏属植物。又称璎珞柏、普通柏、欧桧。

欧洲刺柏原产于欧洲、苏联亚洲部分的中亚细亚地区和西伯利亚及北非、北美洲。中国河北、青岛、南京、上海、杭州等地作观赏树引种栽培。

◆ **形态特征**

欧洲刺柏的主侧根均很发达，茎直展或斜展，叶三叶轮生，全为刺形，球花单生叶腋，球果球形或宽卵圆形，成熟时蓝黑色，径 5～6 毫米，种子卵圆形，具三棱，顶端尖。

◆ **生长与繁殖**

欧洲刺柏喜光、耐寒、耐旱，在干旱沙地、

欧洲刺柏

向阳山坡，以及岩石缝隙处均可生长。采用播种、扦插繁殖，以扦插繁殖为主。常用育种方法包括混合选择、纯系育种、杂交育种（主要是品种间杂交）和回交育种。

◆ **栽培管理**

栽培管理包括：①选地与整地。选盐碱轻、杂草少、土壤肥沃、排灌方便、避风的阳光充足地块。②田间管理。根据各生长阶段的不同要求及环境条件的变化进行。成苗前和幼苗期及时除草，成苗后适当管理即可。插穗生根成活前不施肥，生根返青后少施肥，稳定成活后稳施肥、勤施肥。幼苗期每年 2 ～ 3 次即可，成苗后每年培土一次，更有助于苗木生长。成苗前和幼苗期雨季要注意排涝以防苗木受水浸，夏季蒸腾量大，要勤灌水，成苗后适当管理即可。

◆ 病虫害防治

主要虫害是天牛，主要病害是梨锈病。可采用化学防治。

◆ 采收与加工

秋冬季采收叶与果。鲜叶、鲜果捣碎，可提取精油，也可将材料阴干后粉碎，用以提取精油。

◆ 价值

欧洲刺柏的木材可作工艺品、雕刻品、家具、器具及农具等用材。可栽培作庭园树。果可煎汤内服，行气止痛、祛风除湿。精油可外涂，排水紧致，收敛控油；具有杀菌消毒的作用，也可作为食品防腐剂使用。

香露兜

香露兜是露兜树科露兜树属常绿草本植物。又称斑兰叶、斑斓叶、香兰叶、板兰香。

香露兜原产地为印度尼西亚马鲁古群岛。主栽于斯里兰卡、马来西亚、泰国、印度、菲律宾等国家。中国香露兜为境外引进作物，于20世纪 50 年代从印度尼西亚引入海南兴隆试种成功，现栽培于海南、云南等地区，广东、福建、台湾等地亦有零星分布。

◆ 形态特征

香露兜地上茎分枝，有气根。叶长剑形，长约30厘米，宽约 1.5 厘米，叶缘偶被微刺，叶尖刺稍密，叶背面先端有微刺，叶鞘有窄白膜。

香露兜

◆ 生长习性

香露兜生长在热带潮湿酸性土壤上，属阳性植物。它的地栽条件较为粗放，对光照要求不高，对环境的适应性较强。采用扦插繁殖。

◆ 栽培管理

香露兜对土壤的适应能力较强，以含有机质较多的蘑菇土和砂壤土的混合基质较利于香露兜的叶片的生长，主要表现在叶片生长较快、叶色鲜亮、商品性好。

◆ 采收与加工

每 3 个月可收获一次鲜叶，干燥后粉碎，采用水蒸气蒸馏法提取精油。

◆ 价值

香露兜可作为观赏植物，叶片可作为食品调味剂、草药茶、食用色素使用。香露兜可用于治疗内部炎症、感冒、咳嗽和麻疹等病症，通过提取香露兜叶片汁液与芦荟汁液混合后用于治疗一些皮肤病。香露兜精油可添加到香皂、护肤品、空气清新剂中增香，主要成分叶绿醇是合成维生素 K 及维生素 E 的原料，并且具有抗氧化、降血糖、增强细胞活力及免疫力的作用。

互叶千百层

互叶千百层是桃金娘科白千层属小乔木或灌木。又称澳洲茶树。主产于澳大利亚东南沿海，因此其精油又称"澳洲茶树油"。在东南亚、印度、中国有引种栽培。于 20 世纪 90 年代初引入中国，在广西、广东、四川、江西、福建等地大面积种植。澳大利亚年产量大约为 500 吨。中国年产量约为数十吨，主要用于出口。

◆ **形态特征**

互叶千百层是常绿小乔木或灌木，高可达 6 米。树干弯曲；树皮发白、多层、柔软、具弹性，似海绵。叶片线性或披针形，小叶互生，10 ～ 35 毫米长，1 毫米宽，光滑而柔软。叶片有突出腺点，内有挥发油。花白色，数量多，具密毛；花序 3 ～ 5 厘米长；花期短，大多从春季到夏初。果实杯形，木质化，直径 2 ～ 3 毫米，零散分布于树枝上。在中国广东 5 ～ 6 月开花，7 ～ 9 月结籽，种子细小。

◆ **生长与繁殖**

互叶千百层能耐干旱贫瘠的土壤及渍水地，在气温较高、无霜期长的地区生长迅速，能耐轻度霜冻，具有一定的抗寒性。适生于高温高湿的气候及富含有机质易于排水的土壤，温度越高、雨量越充沛的地区

（或灌溉充分），产量越高，在酸性或微酸性的中壤土或砂壤土中生长良好。引种到中国后种植在年降水量1000～1600毫米的热带、亚热带暖湿季风气候区生长良好，靠近江岸的地方是互叶千百层林木理想的生长环境。

采用播种繁殖，也可组培育苗、扦插等。常用的育种方法包括杂交育种、诱变育种及植物离体培养和分子育种等现代生物技术育种手段。

◆ **栽培管理**

栽培管理包括：①选地与整地。选择交通便利、地势开阔，坡度在30°以下土层深厚、排水良好、水资源丰富、灌溉方便的向阳地块作苗圃地。②田间管理。栽植时间最好是选择在立春后春分前进行。定植后浇足定根水，定植后如遇晴天还要浇水保湿促成活。定苗后苗木幼年期是杂草的旺发期，尤其要防止芒萁、带草、茅草等的滋生，要及时中耕除去各种杂草促幼苗生长。及时追肥，幼苗期的种植当年在定植后的一个月左右待苗木抽新叶后施一次追肥，每株施含氮量高的复合肥25克植后80天左右再施一次追肥。每株施复合肥30克左右，枝叶收割前2个月再施一次，每株30～50克，并注意肥料种类，复合肥宜用硫酸钾型三元复合肥，不宜采用氯化钾型复合肥。采收后宜立即进行扩穴与松土、培土作业，并以氮肥为主的肥料穴施基肥。每株施含N量多的硫酸钾复合肥150克。

◆ **病虫害防治**

病害方面发现有根腐病为害。农业防治注意施肥时要离植株5～10厘米以上，并捡净根部附近枯枝等杂物。还可采用化学防治手段进行。

虫害方面最严重的是白蚁蛀食，尤其在种植之初由于残枝残草未清除干净而诱发衍生。防治的办法首先要清除残剩的枯枝残叶等诱发病源物。然后用灭蚁灵诱杀包投放 30 ～ 50 包诱杀干净。

◆ **采收与加工**

互叶千百层的主要利用部位为叶片。于旺盛生长期采集新鲜枝叶，直接进行水蒸气蒸馏提取。一般于植株长至 2.7 ～ 2.8 米要及时收砍，砍伐时应选择晴天，宜在早晚进行，并在露水干之后。在离土面较近处水平锯断，留伐根高度 20 厘米左右，应注意避免伐根劈裂，否则会影响第二年萌芽。

◆ **价值**

新鲜枝叶经水蒸气蒸馏得到的芳香精油，产油率为 1% ～ 3%。根据其主要成分和用途，主要分为 4- 松油醇型（含 4- 松油醇在 30% 以上）、1,8- 桉叶素型（含 1,8- 桉叶素在 60% 以上）和 4- 松油醇 -1,8- 桉叶素混合型 3 种化学型。

植株可用于园林绿化、蜜源植物或木材加工等。精油具有广泛的应用价值，可用于医药、日化产品及食品工业。三种化学型中更具有开发价值的是 4- 松油醇型和 1,8- 桉叶素型。

精油具有抗菌、抗病毒、抗炎和抗败血症特性。并可用于治疗痤疮、湿疹、昆虫叮咬和皮肤感染（如疱疹、伤口、指甲真菌病、牙龈感染、痔疮和阴道感染）等。作为一种天然添加剂，添加精油后银鲑鱼的长度和重量增加，进而提高其产量、促进断奶仔猪胰腺的发育，促进生长育肥猪等。精油及其主要成分 4- 松油醇可抑制黑色素瘤细胞的生长。研究发现，互叶白千层精油可抑制桃果实中假丝酵母菌的生长，用于桃褐腐病的防治，并对壳聚糖抗氧化膜的去除效果显著，可作为一种新型的生物降解材料应用于食品包装方面领域。

母　菊

母菊是菊科母菊属一年生草本植物。又称幼母菊、洋甘菊。

母菊起源于东南欧。在北非、亚洲、北美洲和南美洲、澳大利亚和新西兰也有种植。匈牙利是母菊的主要生产国，鲜花大量出口到德国用于蒸馏精油。全球有大面积机械化种植生产，中国也有大面积种植。

◆ **形态特征**

母菊全株无毛。茎高 30 ～ 40 厘米，有沟纹，上部多分枝，下部叶矩圆形或倒披针形。头状花序异型，直径 1 ～ 1.5 厘米，在茎枝顶端排成伞房状，花序梗长 3 ～ 6 厘米。舌状花 1 列，舌片白色，反折，长约 6 毫米，宽 2.5 ～ 3 毫米；管状花多数，花冠黄色，长约 1.5 毫米，中部以上扩大，冠檐 5 裂。瘦果小，长 0.8 ～ 1 毫米，宽约 0.3 毫米，淡绿褐色，侧扁，略弯，顶端斜截形，背面圆形凸起，腹面及两侧

母菊

有 5 条白色细肋，无冠状冠毛。花果期 5 ～ 7 月。种子细小，千粒重为
0.088 ～ 0.153 克。

◆ 生长与繁殖

母菊喜日光充足的环境，喜温暖，怕寒冷，在 18 ～ 28℃ 的温度范
围内生长较好。采用播种繁殖。常用的育种方法为杂交育种、诱变育
种等。

◆ 栽培管理

宜选用排水良好、疏松肥沃的砂质壤土。地栽，母菊在小苗长出
4 ～ 5 枚新叶后进行定植。应选择地势较高、阳光充足之地。可按行距
30 厘米、株距 30 厘米挖穴。通常每穴栽种小苗一株，先将其扶正，并
把根系理顺，然后填土踩实，再浇一次透水即可。

根据各生长阶段的不同要求及环境条件的变化进行田间管理。出苗
后应注意除草和行间松土，在杂草生长旺季进行机械或手工除草 2 ～ 3
次。对肥料的需求量较少，除在定植时施用基肥外，生长旺盛阶段可以
每隔 2 ～ 3 周追肥一次。母菊喜微潮偏干的土壤环境，但生长旺盛阶段
应保证水分的供应。

◆ 病虫害防治

母菊常有叶斑病和茎腐病为害，虫害有盲蝽和潜叶蝇，如有病虫害
发生应及时采取措施，进行处理。

◆ 采收与加工

采收时选择晴天上午按花开的顺序进行，采收后的花阴干或低温烘
干后水蒸气蒸馏提取。

◆ **价值**

母菊精油共有四种化学型，分别为没药醇氧化物 A 型、没药醇氧化物 B 型、α- 没药醇型和没药醇氧化物 AB 型。精油可用于医药、芳香疗法及日化工业。具有镇静、镇痛、解痉挛、抗焦虑、抗氧化、消炎、抗诱变、降血脂、发汗、驱虫、缓解神经紧张、助消化、抗感染、促消化、促进细胞再生等功效，常用作温和的助眠剂、轻泻药、消炎药；可制作古龙水、香皂、洗发水和面霜，还可作为花草茶或中草药使用。

牛 至

牛至是唇形科牛至属多年生草本或半灌木芳香植物。又称滇香薷、土香薷、白花茵陈、奥勒冈、披萨草等。

牛至是一个广布种，从亚速尔群岛、马德拉、加那利群岛、欧洲地中海地区一直到亚洲西部、中部、东部都有分布。牛至在欧洲人工驯化栽培历史悠久，在生产中已形成较多的栽培品种。中国野生牛至在四川、重庆、陕西、甘肃、云南、贵州、湖北、湖南、江苏、浙江、安徽、江西、河南、新疆、西藏、福建及台湾等地均有分布，生于路旁、山坡、林下及草地。中国牛至主要由野生资源供给，由于牛至饲料添加剂的大量应用，也开始引种栽培和繁育。

◆ **形态特征**

牛至根茎斜生，节上具纤细的须根。茎直立或近基部伏地，通常高 25 ～ 60 厘米，四棱形。叶具柄，柄长 2 ～ 7 毫米，被柔毛，叶片卵圆形或长圆状卵圆形，长 1 ～ 4 厘米，宽 0.4 ～ 1.5 厘米，先端钝或稍钝，基部宽楔形至近圆形或微心形，全缘或有远离的小锯齿，具不明显的柔毛及凹陷的腺点。花序呈伞房状圆锥花序，开张，多花密集，由小穗状花序组成；苞片长圆状倒卵形至倒卵形或倒披针形，锐尖，绿色或带紫晕，长约 5 毫米，具平行脉，全缘。花萼钟状，萼齿 5，三角形，等大，长 0.5 毫米。花冠紫红、淡红至白色，管状钟形，长 7 毫米。花有两性花和雌性花。小坚果卵圆形，褐色，无毛。花期 7 ～ 9 月，果期 10 ～ 12 月。

牛至

◆ 生长与繁殖

牛至喜温暖湿润气候，适应性较强。以向阳、土层深厚、疏松肥沃、排水良好的砂质壤土栽培为宜。对土壤要求不严格，一般土壤都可以栽培，但碱土、沙土不宜栽培。牛至可播种繁殖，也可用春根和夏茎等部位进行扦插繁殖。用牛至茎中部作插穗，以萘乙酸（NAA）100 毫克 / 升浓度处理 4 小时，牛至扦插效果较好，成活率能达到 95%。

可采用不同品种间、不同亚种间杂交和秋水仙素加倍及辐射诱变等方法进行育种。

◆ 栽培管理

选择地下水位较低、土壤肥力较高、土壤不易板结、土壤透气性好的砂性土壤。施有机肥 1500 千克 / 亩，深翻并整畦，畦子宽度为 1.20 ～ 1.50 米为宜，将畦子整理平整并用钉齿耙疏松地表土壤。

根据各生长阶段的不同要求及环境条件的变化进行田间管理。小苗时要注意除草，生长期间每年中耕除草 2 ～ 3 次。对土壤要求不严，每次采收枝叶后要追施氮肥。冬季注意培土防寒。干旱时及时灌水，干燥地区冬前灌一次冻水。

◆ **病虫害防治**

苗期病害有根腐病、菌核病，虫害有地老虎等。

◆ **采收与加工**

采收牛至地上全株。开花前进行收获，阴干后水蒸气蒸馏提取精油。

◆ **价值**

牛至精油根据其主要成分不同可分为不同化学型，如百里香酚 / 香芹酚型，桧烯型及芳樟醇 / 乙酸芳樟酯型。牛至精油中的主要抗菌物质是香芹酚和百里香酚，两者是一对同分异构体，均可强烈抑制革兰氏阳性菌和阴性菌，其中香芹酚的抗菌活性显著高于牛至精油中的其他化合物。牛至精油有"天然抗生素"的美称，具有强烈杀菌消炎作用，对大量的革兰氏阳性菌和革兰氏阴性菌均有抗菌作用，且不具有耐药性，能明显提高动物的生产性能、机体免疫力、抗病能力，且无毒副作用，是一种天然的理想抗生素替代品，已是世界范围内认可的天然饲料添加剂。大量实践表明，牛至精油在治疗和预防乳仔猪腹泻、降低肉鸡料肉比和提高养殖成活率、降低奶牛体细胞和提高奶牛产奶量等方面具有很好的效果。此外，牛至在西班牙、墨西哥和地中海地区的饮食中被作为佐料长期使用，也是一种传统的中草药，可用于预防流感，治疗急性胃肠炎、腹痛、小儿食积腹胀等症。

香根鸢尾

香根鸢尾是鸢尾科鸢尾属植物。又称乌鸢、扁竹花。

香根鸢尾原产于欧洲。主要分布于意大利、法国、摩洛哥及印度北部。意大利的佛罗伦萨地区为香根鸢尾的栽培中心。中国浙江、云南、河北等地有引种栽培。

◆ 形态特征

香根鸢尾根状茎粗壮而肥厚，扁圆形，直径可达 2.5 厘米，斜伸，有环纹，黄褐色或棕色；须根粗壮，黄白色。花茎光滑，绿色，有白粉。叶灰绿色，外被有白粉，剑形，长40～80 厘米，宽 3～5 厘米，顶端短渐尖，基部鞘状，无明显的中脉。花大，蓝紫色、淡紫色或紫红色，直径可达 12 厘米；蒴果卵圆状圆柱形，长 4.5～4.7 厘米，直径 2.5～3.5

香根鸢尾

厘米，顶端钝，无喙，成熟时自顶端向下开裂为三瓣；种子梨形，棕褐色，无附属物。花期 5 月，果期 6～9 月。

◆ **生长与繁殖**

香根鸢尾适生于地中海式气候。冬暖夏凉，喜光，较耐寒，但不能耐受盛夏的高温。对土壤要求不严，但以肥沃、疏松、地势较高、排水良好的砂质土壤生长较好，以中性和微碱性为宜，黏土积水地和盐碱地不宜生长。一般生长于多石砾石灰质坡地和周围有树木的空旷山脊地带。以根茎繁殖、种子繁殖和组织培养方式繁殖，但以根茎繁殖为主。

育种方法包括杂交育种、诱变育种、现代生物技术育种（植物离体培养和分子育种）等。

◆ **栽培管理**

生产田应选择土质疏松、排水良好的坡地或平地，深耕细作，施2500～4000千克/亩堆肥、有机肥等，并施50千克/亩过磷酸钙或100千克/亩草木灰作基肥，翻耕整平后作畦，畦宽100厘米，高30厘米。

根据各生长阶段的不同要求及环境条件的变化进行田间管理。幼猫期及时除草，成苗后每年春进行除草松土，除草时勿伤害根茎和叶。每年春开沟施一次追肥，每亩施有机肥2000千克左右，过磷酸钙25千克。夏季以后，以培土为主，防止倒伏。香根鸢尾耐干旱，但定植时要适当浇水，保护土壤湿润，成苗后少浇水或不浇水，雨天注意排水，一旦积水会造成大片死亡。

◆ **病虫害防治**

主要虫害为蛴螬，一般采用人工捕杀，也可化学防治。主要病害为锈病，冬季地上部分枯萎后消除枯叶并烧毁，以减少病原菌。

◆ 采收与加工

秋季从土壤中挖出根茎洗净，可直接用于提油，也可切片，晾干后粉碎再提取精油。

◆ 价值

香根鸢尾是园林观赏植物，花可作为切花。香根鸢尾根状茎可提取香料，用于制造化妆品或作为药品的矫味剂和日用化工品的调香、定香剂。鸢尾硬脂或浸膏可用于化妆品、香皂香水、食品香精，在薰衣草型、花露水型、科隆型香精中使用尤为适宜。提取香成分之后的香根鸢尾根茎尚可作消毒熏烛、香囊等填充料。

芸　香

芸香是芸香科芸香属多年生常绿半灌木（生长像草本）。又称七里香、臭草、香草。

芸香原产地中海沿岸，现在全世界作为园艺观赏植物种植。中国主要分布于福建、广西、广东等地，长江以北多栽培于温室。

◆ 形态特征

芸香有浓郁的气味。高 50 ～ 100 厘米。根系发达，支根多。叶蓝绿色，

芸香

多汁，二回或三回羽状全裂。花小，黄或黄绿色，萼片及花瓣均 4，雄
蕊 8。蒴果球形，果长 6 ～ 10
毫米，由顶端开裂至中部，果
皮有凸起的油点；种子甚多，
肾形，长约 1.5 毫米，褐黑色。
花期为 3 ～ 6 月及冬季末期，
果期 7 ～ 9 月。

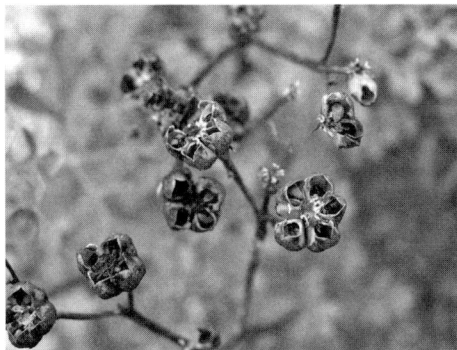
芸香的蒴果

◆ **生长与繁殖**

芸香喜温暖湿润气候，耐寒、耐旱。年平均气温在 15℃ 以上、年
降水量 900 ～ 1800 毫米的地区适宜生长。以土层深厚、疏松肥沃、富
含腐殖质、排水良好的砂质壤上或壤上栽培为宜。忌连作。采用播种、
扦插、组织培养。育种方法主要有杂交育种、诱变育种及植物离体培养
和分子育种等现代生物技术学手段。

◆ **栽培管理**

选地以日照充足通风良好、排水良好的砂质壤土或壤土种植为
佳。根据各生长阶段的不同要求及环境条件的变化进行田间管理。苗高
10 ～ 12 厘米间苗、补苗。每年中耕除草 3 ～ 4 次。每季施肥一次，中
耕除草后结合追施有机肥。旱季要灌溉，雨季要开沟排水。

◆ **病虫害防治**

病害有根腐病。虫害有柑橘黄凤蝶的幼虫为害叶片。

◆ **采收与加工**

全草，种子可利用。于夏末初秋割取地上部分，晒干或晾干后用水

蒸气蒸馏法提取精油。

◆ 价值

酮类物质是芸香精油中的主要化合物。主要包括2-十一酮（42.6%～46.15%）、2-壬酮（23.5%～27.01%）、2-十三醇乙酸酯（0.28%～12.73%）、2-癸酮（0.81%～4%）、2-壬醇（0.75%～3%）、2-十二（烷）酮（1.59%～2.9%）、2-十三酮（0.84%～2.5%）等。精油具有抗炎、杀菌、抗氧化、解痉、兴奋子宫、抗癌等功效，广泛应用于医药、日化及食品添加剂等行业。还可作为蔬果保鲜剂抑制炭疽病霉菌的生长，减少番石榴、番木瓜、醋栗、番茄和梨等水果的腐烂。此外，因其精油富含酮类物质，亦多被用作有机农业中的杀菌剂和杀虫剂，可作为合成杀虫剂和熏蒸剂的潜在替代品应用于农业生产。研究表明，芸香提取物在雏鸡模型中具有止吐作用，可作为潜在止吐剂使用。

芸香为立陶宛国花，鲜艳的黄色花朵可布置花坛或制成干花。全草可供药用，有祛风、止咳、化痰、健胃、催汗、退热、利尿、消肿等功效，是民间常用中药。在中世纪，因其强烈和辛辣的气味，芸香被用来抵御瘟疫。

丁子香

丁子香是桃金娘科蒲桃属常绿乔木或灌木。又称丁香。

丁子香原产于印度、巴基斯坦和印度尼西亚。主要分布于热带地区，少数种类分布于非洲和大洋洲。广泛种植于印度尼西亚、斯里兰卡、马达加斯加、坦桑尼亚、巴西和中国。中国于 20 世纪 50 年代引入，在广东、广西等地有栽培。

◆ **形态特征**

丁子香高 8 ～ 30 米。树皮黄褐色。叶无毛，卵状长圆形或长倒卵形，叶片革质，全缘。花伞状簇生，聚伞花序或圆锥花序，花萼肥厚，每个花梗的末

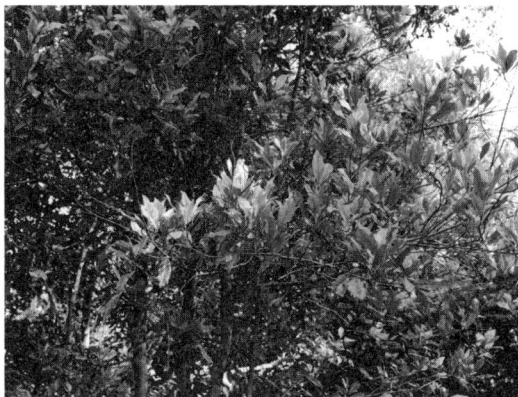

丁子香

端生长 3 ～ 4 个带柄小花。浆果红棕色、橄榄状，含 1 粒种子，呈椭圆形。花期 3 ～ 6 月，果期 6 ～ 9 月。

◆ **生长习性**

丁子香喜热带海洋性气候。喜生于高温、潮湿、静风、温差小的热带雨林气候环境中。较不耐低温和干旱，大风对丁子香的生长极不利，宜肥沃、深厚、疏松的土壤，一些热带火山岩土质是适合丁子香生长的土壤类型。采用嫁接或种子繁殖。育种方法主要包括杂交育种、诱变育种及植物离体培养和分子育种等现代生物技术育种方法。

◆ **栽培管理**

选地宜选择向阳、肥沃、土层深厚的地方栽植。播种前一年秋季需对苗圃地进行深翻，于播种当年春季精细整地。

春季整地后施足基肥，栽后灌足水。入冬前施一次腐熟的堆肥。花谢以后可将残花剪掉。生长期内，人工松土除草，中耕松土应与浇水相

结合，保证田间无杂草。尤其在幼苗生长阶段，为减少杂草对水分和肥料的争夺，需要及时除草，除草时应注意避免伤害植株根系。

◆ 病虫害防治

丁子香主要病虫害有褐斑病、煤烟病、根结线虫、红蜘蛛、红蜡介壳、大头蟋蟀。可喷施农药进行防治。

◆ 采收与加工

主要利用花蕾提取精油。于花期当花蕾由绿色转红时采摘采收，水蒸气蒸馏法提取精油。

◆ 价值

丁子香花蕾精油主要成分为丁香酚（65.3% ～ 90%）、反式石竹烯（5% ～ 12.06%）、丁香酚乙酸酯（9.85% ～ 15%）、氧化石竹烯（1.09% ～ 3.00%）、α- 葎草烯（1.43% ～ 1.73%）等。精油具有杀菌、消炎、抗氧化、抗虫等功能，广泛应用于食品防腐剂、医疗、化妆品和个人保健品中。它还被美国食品药品监督管理局列为"普遍认为是安全的"化学品。

丁子香精油是一种强大的防腐剂、局部麻醉剂和镇痛剂、祛痰剂、健胃剂和解痉剂。对多种癌细胞系具有显著的抑制活性，如卵巢癌细胞（SKOV-3）、肝癌细胞（BEL-7402）、结肠癌细胞（HT-29）、乳腺癌细胞（MCF-7）等。其主要成分丁香酚在牙科和口腔卫生制剂中有重要作用。此外，其精油可作为天然生长促进剂添加在反刍动物饲料中以提高动物的生产性能。还可作为肉鸡日粮中合成抗氧化剂的潜在替代品，促进生长提高其产量。

没　药

没药是橄榄科没药属低矮灌木或小乔木。又称末药、明没药。

没药起源于索马里、埃塞俄比亚及阿拉伯半岛南部。分布于热带非洲和亚洲西部，索马里、埃塞俄比亚及阿拉伯半岛南部等地。以索马里所产者最佳，中国也有引种栽培。

◆ **形态特征**

没药高 3 ～ 4 米。树干具多数不规则尖刺状枝。树皮薄，光滑，小片状剥落，淡橙棕色，后变灰色。叶散生或簇生，单叶或三出复叶，柄短，小叶倒长卵形或倒披针形，中央一片远较两侧一对为大，长 7 ～ 18 毫米，宽 4 ～ 8 毫米，全缘或仅末端稍具锯齿。花小，丛生短枝上；萼杯状，宿存，上具 4 钝齿；花冠白色，4 瓣，长圆形或线状长圆形，直立；雄蕊 8，自短杯状花盘边缘伸出，直立，不等长，花药囊卵形；子房 3 室，每室各具胚珠 2 枚，花柱短粗，柱头头状。核果卵形，尖头，光滑，棕色，外果皮革质或肉质，种子 1 ～ 3 枚，但仅 1 枚成熟，其余均萎缩。花期夏季。

◆ **生长习性**

没药性喜较干燥的热带和亚热带气候，在海拔 250 ～ 1300 米均可分布。最低温度不低于 10℃，年平均降水量在 230 ～ 300 毫米。喜浅土壤，主要产于石灰石之上。采用播种繁殖。少有育种，主要为野生种栽培。

◆ **栽培管理**

选地宜选择光照良好、不积水的壤土或砂土，也可选择坡地。播种前应可用草木灰或凋落物焚烧回田,随后即可播种。

　　根据各生长阶段的不同要求及环境条件的变化进行田间管理。出苗后,让苗自然生长,不必除草松土。在幼苗生长期中,如果杂草高过没药苗,可将杂草尾部割掉。出苗后,不施任何农家肥,更不施用化肥,也不喷农药。结合植物不同生长时期进行松土和培土,注意松土时对植物根际保护。成苗后少浇水或不浇水,雨天注意排水,一旦积水会造成大片死亡。

◆ **病虫害防治**

少有病虫害发生报道。

◆ **采收与加工**

11 月至翌年 2 月采收。树脂可由树皮裂缝自然渗出,或将树皮割破,使油胶树脂从伤口渗出。初呈淡黄白色黏稠液,遇空气逐渐凝固成红棕色硬块。采后去净树皮及杂质,置干燥通风处保存。用超临界二氧化碳流体萃取法和水蒸气蒸馏法提取获得精油。

没药

◆ **价值**

从没药树上提取的树脂亦称为没药,是珍贵的香料,具有散瘀定痛、消

没药(干燥)

肿生肌等功效，收录于中国药典。临床上主要用于胸痹心痛、胃脘疼痛、痛经闭经、产后瘀阻、症瘕腹痛、风湿痹痛、跌打损伤、痈肿疮疡等。精油及其提取物具有抗氧化和抗炎、抗肿瘤、保肝、镇痛、抗菌和抗寄生虫、神经保护、降血脂、降血糖、抗阿尔兹海默症、抗胃溃疡和抗肥胖等活性。

柠檬马鞭草

柠檬马鞭草是马鞭草科柠檬马鞭草属落叶小灌木。又称橙香木、防臭木、香水木。

柠檬马鞭草起源于中南美洲。分布于温暖湿润的热带、亚热带气候。在亚热带至暖温带地区普遍栽培，为芳香和观赏植物。中国陕西南部有少量引种。

◆ 形态特征

柠檬马鞭草高 1.5 ～ 3 米，茎四方形，木质坚硬，粗糙而具条纹。叶对生或轮生，披针形，有强烈的香气。花小排列成腋生、稠密、圆柱状的穗状花序；萼小，2 裂，呈二唇形，上唇 1 ～ 2 裂，下唇 3 裂，内白色，外红蓝色；雄蕊 4，子房 2 室。果小，干燥。花期 6 ～ 8 月。

◆ 生长与繁殖

柠檬马鞭草性喜暖和潮湿的寒带、亚热带气候，年平均气温约 20℃，年降水量 1200 ～ 2000 毫米，喜松散、肥美的砂质泥土。在亚热带至暖温带地域遍及种植，为芬芳和观赏植物。采用根部分株或扦插繁殖。常用的育种方法为混合选择、杂交育种。

◆ **栽培管理**

选地与整地。挑选土层较厚的壤土或砂壤土为栽种地，翻耕深18～25厘米。做成上宽50厘米、高15厘米的畦，耙平畦面，两畦间留功课道25～30厘米，也能够做成农田小垄。

根据各生长阶段的不同要求及环境条件的变化进行田间管理。见草即除，做到田间无杂草。每亩施充沛腐熟的厩肥2000～2500千克作为基肥撒匀，起首将畦面土耙细，再施大批生物肥做底肥，每亩用量15～20千克。结合除草进行松土，并适当进行根际培土。适当浇水，保护土壤湿润，多雨时节要留意田间排水，雨后要实时松土。

◆ **病虫害防治**

少有病虫害发生报道，田间长时间积水有根腐病发生。

◆ **采收与加工**

春夏植株生长旺盛时，采收新鲜叶片、嫩枝梢及花序，用水蒸气蒸馏法获取精油。

◆ **价值**

柠檬马鞭草的叶子在传统医学中可治疗支气管炎、鼻塞、喉咙痛、消化不良等症状。提取的精油为柠檬香味，是香水、香油的原料，有研究证明精油可以辅助保鲜。精油具有抗菌、抗氧化、镇静和抗焦虑、降血糖和降血脂等功能。

突厥蔷薇

突厥蔷薇是蔷薇科蔷薇属灌木。又称大马士革玫瑰、保加利亚玫瑰。

突厥蔷薇原产伊朗。现主要产地为土耳其和保加利亚。世界各地均有栽培，中国四川绵竹、陕西渭南、湖南湘西、福建泰宁等地都有栽培。

◆ 形态特征

突厥蔷薇高约 2 米；小枝通常有粗壮钩状皮刺，有时混有刺毛。羽状叶，小叶通常 5，稀 7。花 6 ～ 12 朵，成伞房状排列，花梗细长，有腺毛；花粉红色，直径 3 ～ 5 厘米。果梨形或倒卵球形，红色，常有刺毛。

突厥蔷薇

◆ 生长与繁殖

突厥蔷薇喜阳光充足，耐寒、耐旱，喜排水良好、疏松肥沃的壤土或轻壤土，在黏壤土中生长不良，开花不佳。采用扦插繁殖。常用的育种方法为杂交育种、分子标记辅助育种。

◆ 栽培管理

选地宜选择土层深厚、土壤结构疏松、地下水位低、排水良好、富含有机质的砂质土壤，栽植的地块要深翻 30 厘米，使地面平整，土壤上松下实。

根据各生长阶段的不同要求及环境条件的变化进行田间管理。在苗的生长期，要及时清除地面杂草。突厥蔷薇花数量多、肥量需求大，因此种植前要施足底肥，生长期需适时施肥。采摘结束后，及时追肥。在秋季落叶之后或春季解冻之后，在植株的周围培育新土。在定植后要将水一次性浇透。不能过量浇水，否则容易造成水分过剩，导致根部腐烂。

◆ 病虫害防治

病虫害主要有锈病、黑斑病、白粉病、金龟子、天牛、红蜘蛛等。在生长期及时剪除锈病危害的枝条，人工捉拿金龟子、天牛幼虫等。

◆ 采收与加工

用于制作干花茶时，可根据需求采摘花蕾或半开放花朵；用于精油提取时，清晨采收鲜花，中午之前结束；短期内（4个小时内）加工不完的鲜花须阴凉处保存，长时间（24小时之内）保存，要将鲜花与15%～20%的食盐混合放入密封的容器或鲜花腌制池保存，采用水蒸气蒸馏法提取精油。

◆ 价值

突厥蔷薇花瓣可制作果酱、蜜饯、玫瑰干、花茶等，还可作为葡萄酒调味剂，以及配菜装饰。突厥蔷薇精油可用于制作古龙香水、肥皂、洗发水、面霜等。其精油中含有较高的香茅醇、香叶醇，因此有很强的抗菌活性。药用方面，精油可用于治疗肝脏疾病，使心脏节律恢复正常；此外还具有镇痛的作用，可作为解痉药。

薰衣草

薰衣草是唇形科薰衣草属小灌木。又称狭叶薰衣草、英国薰衣草。

薰衣草起源于地中海地区。薰衣草属中有很多种间杂交种，其中狭叶薰衣草和宽叶薰衣草的杂交种命名为 *L.×intermedia*，开花时间晚于常见的狭叶薰衣草。狭叶薰衣草包含两个亚种，亚种 *L. angustifolia* subsp. *angustifolia* 自然生长于法国阿尔卑斯南部、朗格多克塞文山脉地区和意大利东北部及南部。亚种 *L. angustifolia* subsp. *pyrenaica* 自然生长于比利牛斯山（法国、安道尔、西班牙）和西班牙东北部。在欧洲、北非、北美洲、亚洲的温带及亚热带地区有普遍栽培。中国科学院植物研究所于 20 世纪 50 年代开始将薰衣草引入中国，现新疆伊犁已发展成为世界薰衣草主要产区。

◆ 形态特征

薰衣草株高 40 ～ 80 厘米。根系发达，茎四棱。叶片线形或狭卵形，叶长 3 ～ 4 厘米，叶宽 0.3 ～ 0.5 厘米，有时会反卷。叶腋处的叶片较小，叶长 1 ～ 1.5 厘米，反卷幅度大，密被腺毛及短而分枝的非腺毛。花梗直立不分枝，长 10 ～ 20 厘米。花穗密集，5 ～ 10 厘米长，不连续的花穗 6 ～ 10 厘米长，通常会有一

薰衣草植株

个轮伞花序着生在花穗下面较远处。苞片卵形或阔卵形，顶端尖，膜状，长度约为花萼筒的一半，网状脉突出；小苞片小，约为 1 米，线形，干膜质。花萼管状，具 13 条脉纹，裂片短而圆，密被长而分枝的非腺毛和无柄的盾状腺毛。花冠 1 ～ 1.2 厘米，上唇裂片明显比下唇大一倍，深紫色，稀为粉色或白色。小坚果 4 枚，光滑。花期 6 ～ 7 月，果期 8 月。

◆ 生长与繁殖

薰衣草生长在干旱的环境中、石灰质土壤或有着矮灌木的裸露植被上，海拔一般为 250 ～ 500 米或 1800 ～ 2000 米，分布海拔较高，抗寒性强于宽叶薰衣草。采用播种、扦插、分根繁殖。因其种子细小、萌芽率低，宜育苗移栽。可采用不同品种间、不同种间杂交和秋水仙素加倍及辐射诱变等方法进行育种。

◆ 栽培管理

选地宜选择土层深厚，质地疏松，肥力中等，灌溉排水方便，土壤总含盐量在 0.2% 以下，土壤有机质含量 1% 以上，碱解氮 600 毫克 / 千克、速效磷 4 ～ 8 毫克 / 千克的地块。

春季精细整地，施足基肥。整地前进行一次平整土地，每亩施用磷肥 15 ～ 20 千克、尿素 8 ～ 10 千克、钾肥 5 ～ 8 千克，有机肥 1.5 ～ 2 吨，深翻 30 ～ 40 厘米，耙糖平整后打埂起高垄，垄面宽 50 ～ 60 厘米，垄高 30 ～ 40 厘米，垄间距为 70 ～ 80 厘米。

根据各生长阶段的不同要求及环境条件的变化进行田间管理。苗期机械化中耕除草，收花前人工拔草 1 ～ 2 次，保证田间无杂草。返青初期结合浇水，亩施有机肥 2000 ～ 3000 千克，尿素 15 ～ 20 千克、二铵

20～30千克。用人工挖环穴深8～10厘米，距苗侧旁10厘米，将混拌均匀的肥料施入后覆土踏实。现蕾期可根外追肥2～3次，亩用尿素300克、磷酸二氢钾200克，兑水40～50千克喷雾，应选择在早晨水干后或傍晚喷肥为好。埋土宜在冬灌后进行，植株盖土6～8厘米，整个株体要覆盖80%以上。同时还要加强冬季护苗。返青至收割前一般浇水3～4次，亩灌水200～300立方米，全生育期浇水6～8次。采用畦灌为宜。收割前15天左右，适量灌水一次，可延缓薰衣草花萼脱落。花采收后，应及时灌水，促进植株正常生长，封冻前浇水有利于安全越冬。

◆ 病虫害防治

病虫害主要有枯萎病、根腐病、叶螨、沫蝉和蚜虫等。做好园区规划和基本建设，入冬前将薰衣草田间枯枝落叶进行清理，初春前将薰衣草田间、田埂、沟边、路旁的杂草清除，确保灌溉排水方便，保持通风透光，此外还可采取化学防治和天敌防治。

◆ 采收与加工

采收薰衣草的花穗与部分叶片。盛花期（主茎花穗有70%左右开花）正午采收，阴干后及时提取加工，加工方法为水蒸气蒸馏法。薰衣草鲜花含油率0.8%，干花含油率1.5%左右。

◆ 价值

薰衣草精油主要由单萜和倍半萜组成，主要成分有芳樟醇（25%～38%）、乙酸芳樟酯（25%～45%）、乙酸薰衣草酯（3.4%～6.2%）。薰衣草精油香气宜人，是理想的高端香水、芳香理疗原料，具有杀菌、抗炎、抗氧化等多种功效，并在治疗高血压、帕金森、老年痴呆症和抗癌等方面展现出潜在的药用价值。薰衣草释放出的芳樟醇可能通过直接刺激嗅觉神经元，作用于 GABAA 受体，进而让受试个体放松。此外，在多种用于降压的民间药用植物中，薰衣草是最有效的 KCNQ5 钾通道激活剂之一，当 KCNQ5 被激活时，能使血管松弛，从而达到降压的效果。连续 7 天接触薰衣草可以改善大鼠的类似抑郁行为，且具有薰衣草剂量依赖效应。其中，最可能起作用的是芳樟醇，芳樟醇具有抗抑郁、镇静、抗炎、抗动脉粥样硬化和抗氧化作用，可能通过谷氨酸系统和 NMDA 影响抑郁症。吸入含 24.07% 柠檬烯、21.98% 芳樟醇、15.37% 乙酸芳樟醇、5.39%α- 蒎烯和 4.8%α- 檀香醇的复方安神精油可提高小鼠脑内 5-HT 和 GABA 的含量，显著降低小鼠自发活动，减少睡眠潜伏期，延长睡眠时间。

薰衣草花芽期挥发性成分中，柠檬烯、β- 罗勒烯占比较高，具有驱避蚜虫的作用，使薰衣草顺利进行生殖生长；盛花期乙酸芳樟酯、乙酸薰衣草酯含量较高，对蜜蜂具有强烈的吸引作用，从而保障异花授粉的薰衣草成功授粉。此外，薰衣草特征性成分——乙酸薰衣草酯是蓟马的聚集信息素，使薰衣草在蓟马生物防治中具有潜在的应用价值。

艾　菊

艾菊是菊科菊蒿属多年生草本植物。又称菊蒿。

艾菊起源于欧洲、美洲。在中国分布于黑龙江及新疆。北美洲、日本、朝鲜、蒙古国、中亚地区及欧洲也有栽培。

◆ **形态特征**

艾菊高 30 ～ 150 厘米。茎直立，单生或少数茎成簇生。茎叶多数，全形椭圆形或椭圆状卵形，长达 25 厘米，二回羽状分裂。下部茎叶有长柄，中上部茎叶无柄。叶全部绿色或淡绿色，有极稀疏的毛或几无毛。

头状花序多数（10 ～ 20 个）在茎枝顶端排成稠密的伞房或复伞房花序。瘦果长 1.2 ～ 2 毫米。冠状冠毛长 0.1 ～ 0.4 毫米，冠缘浅齿裂。花果期 6 ～ 8 月。

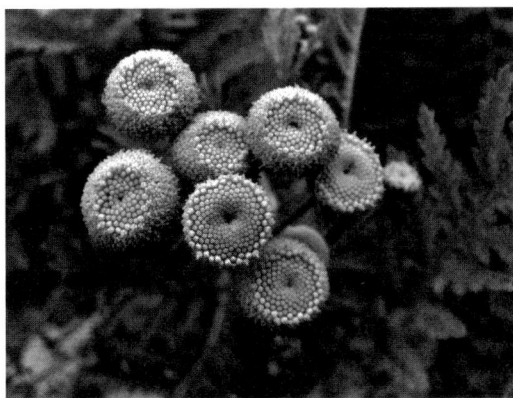

艾菊

◆ **生长与繁殖**

艾菊适应性强，耐旱、耐瘠薄，对土壤要求不严。耐寒性较差，北方寒冷地区冬季应覆土护根，以利越冬。采用种子直播，每穴 3 ～ 5 粒，株高 5 厘米时须疏苗，以利生长。播种前在 30℃ 温水中浸泡 8 ～ 12 小时。当幼苗长至 6 ～ 8 片真叶时即可移栽。缓苗后主茎高 15 厘米时摘心。育种方法有杂交育种、诱变育种等。

◆ **栽培管理**

选地以日照充足通风良好，排水良好的砂质壤土为佳，有利生长。适应性强，耐旱、耐瘠薄，对土壤要求不严。

根据各生长阶段的不同要求及环境条件的变化进行田间管理。株高

30 厘米时可撒肥料，让叶子及茎干充分生长。

◆ 病虫害防治

病害主要有叶斑病和病毒病，虫害主要有长管蚜、绿盲蝽和蛴螬。防治方法主要有化学防治。

◆ 采收与加工

采收全草。水蒸气蒸馏法提取精油。

◆ 价值

精油主要成分有乙酸龙脑酯、α- 蒎烯、斯巴醇、侧柏酮、桉树酚、反式侧柏酮、樟脑、桃金娘醇等。精油有许多生物活性，包括麻醉、抗菌、抗单纯疱疹、抗氧化活性，可作杀菌剂、除草剂、驱虫剂、镇静剂、睾酮羟化酶诱导物等。用于治疗偏头痛，神经痛。艾菊精油现广泛用于香水、浴液、化妆品、洗发水、空气清新剂等日用化工品。

留兰香

留兰香是唇形科薄荷属多年生草本植物。又称绿薄荷、香花菜、香薄荷。

留兰香原产于南欧、加那利群岛、马德拉群岛等地。主产地在美国爱达荷、印第安纳、密歇根、华盛顿及威斯康星等州。中国的留兰香主产地在江苏、安徽、江西、河南、浙江、上海等地。

◆ 形态特征

留兰香茎直立，高 40 ～ 130 厘米，无毛或近于无毛，绿色，钝四棱形，具槽及条纹，不育枝仅贴地生。叶无柄或近于无柄，卵状长圆形或长圆状披针形，长 3～7 厘米，宽 1～2 厘米，先端锐尖，基部宽楔形至近圆形，边缘具尖锐而不规则的锯齿。轮伞花序生于茎及分枝顶端，花萼钟形，外面无毛，具腺点。每花有小坚果 4 个。

留兰香

◆ **生长习性**

留兰香适于生长在北纬 40°～48° 的地区范围内，喜温暖、湿润和阳光充足的环境，耐热、耐寒能力强。采用扦插法繁殖。育种方法为杂交育种。

◆ **栽培管理**

选地应选择阳光充足、地势平坦、排灌方便、肥沃的土壤进行种植。结合耕翻每亩施入优质腐熟有机肥 1500～2000 千克，过磷酸钙 40～50 千克，充分与土混匀，整细耕平，做平畦，一般宽为 2～3 米。

根据各生长阶段的不同要求及环境条件的变化进行田间管理。在植株封行之前进行中耕除草 2～3 次。收割前应拔除田间杂草，以防杂草混入，影响精油质量。施肥应是基肥与追肥并重，在整个生育期追肥 1～2 次，农家肥与化肥配合。一般原则是生长前期和生长后期轻施，中期重施。具体是轻施提苗肥，重施分枝肥，巧施保叶肥。雨水多时，应及时排掉田间积水，以免影响植株正常生长；若天气干旱，土壤干燥，应及时进行灌溉。收割前 20 天左右停止灌水，以防收割时植株贪青返嫩，影响产量和质量。

◆ 病虫害防治

留兰香主要病害为锈病和褐斑病，应加强田间通风透光，减轻田间湿度，发现病株及时清除，以防蔓延。主要虫害为地老虎和蚜虫。

◆ 采收与加工

一般一年可采收 2 次，第一次在 7 月中旬（小暑至大暑），第二次在 10 月中下旬（寒露至霜降）。当植株普遍现蕾，开花 10% 左右，天气连续晴 5 ～ 7 天，气温较高，地面干燥时进行收割。以上午 9 时至下午 3 时收割为宜。晒干后采用水蒸气蒸馏法提取精油。

◆ 价值

留兰香嫩枝叶可作调味料食用。全草可入药，为祛风、镇痉剂，治疗感冒发热、头痛、咳嗽等疾病，还可用于治疗胃胀气。从其地上部分蒸馏所得的精油主要用于牙膏、口香糖、香皂等物品的加香，也可用作杀虫剂、兴奋剂、利尿剂、杀菌剂。

柠檬草

柠檬草是禾本科香茅属多年生密丛型具香味草本植物。又称柠檬香草、蜜蜂草、香茅草、柠檬茅。

柠檬草起源于西印度及锡兰地区。主要分布于非洲、南亚及中国云南西双版纳、广东、广西、海南、福建、台湾、浙江、四川等地。

◆ **形态特征**

柠檬草秆高达 2 米，粗壮，节下被白色蜡粉。叶片长 30 ～ 90 厘米，宽 5 ～ 15 毫米，顶端长渐尖，平滑或边缘粗糙。总状花序轴节间及小穗柄长 2.5 ～ 4 毫米，边缘疏生柔毛，顶端膨大或具齿裂。无柄小穗线状披针形，长 5 ～ 6 毫米，宽约 0.7 毫米，第一颖背部扁平或下凹成槽，无脉，上部具窄翼，边缘有短纤毛，第二外稃狭小，长约 3 毫米，先端具 2 微齿，无芒或具长约 0.2 毫米之芒尖。有柄小穗长 4.5 ～ 5 毫米。花果期夏季，少见有开花者。

柠檬草植株

柠檬草干叶

◆ **生长与繁殖**

柠檬草性喜温暖湿润气候，常栽培于排水良好的中性或微酸性土壤。采用种子繁殖或分株繁殖。常用育种方法为诱变育种、生物化学标记筛选育种。

◆ **栽培管理**

选地与整地。柠檬草对土壤要求不严格，一般土壤都可以栽培，但碱土、沙土不宜栽培。怕旱，不宜重茬，前茬谷类、豆类、蔬菜为好。翻地 20 厘米，翻前施足底肥，垄作行距 40 ～ 50 厘米，或做成平畦。

根据各生长阶段的不同要求及环境条件的变化进行田间管理。及时除草，除草时勿伤害根茎和叶。每年春开沟施一次农家肥。夏季以后，以培土为主，防止倒伏。适当浇水，保护土壤湿润，雨天注意排水，一旦积水会造成大片死亡。

◆ **病虫害防治**

基本无病虫害发生。

◆ **采收与加工**

柠檬草全草均含有精油，叶精油含量最高，其次为全草，茎精油含量最低。收获后应干燥保存。通过采用水蒸气蒸馏法、超临界二氧化碳流体萃取法和顶空固相微萃取提取精油。

◆ **价值**

柠檬草是一种印度传统医学中很重要的草药。柠檬草精油是用途广泛的最佳精油之一，用这种精油按摩身体对皮肤和整体健康都有好处。柠檬草精油主要用于制造香精、香料及在医药方面制造维生素 A。叶片及提取精油是治疗皮肤、口腔、泌尿和阴道真菌感染的传统药物。另外，在治疗高血压、发烧、胃病等方面有良好功效。精油具有抗炎、镇痛、抗肥胖、抑菌、杀灭真菌、杀灭阿拉伯疟蚊幼虫、抗过敏、抗黄曲霉毒素等功能。

第 5 章
芳香化湿药

芳香化湿药是具有芳香气味，以化湿运脾为主要作用的一类中药。

◆ **性能特点**

芳香化湿药味多辛、苦，性多芳香温燥，辛能行气、香能通气，主归脾、胃二经。主要功效为化湿醒脾、燥湿健脾、开窍行气、解暑辟秽、解郁助阳等。

◆ **适应范围**

芳香化湿药主要适用于湿浊内阻，脾为湿困，运化失常所致的脘腹痞满、大便溏薄、食少体乏、呕吐泛酸、口中甜腻多涎、舌苔白腻等。部分药还可用于脾胃气滞证，或因暑热湿邪引起的中暑、湿温、暑湿证。常用药有广藿香、佩兰、苍术、砂仁等。

◆ **配伍原则**

使用芳香化湿药时应该根据不同证候、湿邪的不同性质，进行适当的配伍。治疗寒湿中阻，常与温里药同用以驱寒除湿；治疗湿热，常与清热燥湿药同用，以清热化湿；湿邪常因脾弱而生，故对于脾虚者，常与健脾药配伍使用，标本兼治；湿阻中焦常导致气滞胀满，故常与理气药配伍使用。

◆ **使用注意**

芳香化湿药大多味辛性温，属芳香温燥之品，故易燥血耗气伤阴，且部分药物燥性较强，易伤阴液，所以阴虚、气虚、血燥者慎用；因含大量的挥发油，故入汤剂应后下，不宜久煎。

◆ **现代研究**

芳香化湿药主含挥发油，对胃肠道运动有明显的推进作用，部分此类药物的挥发油成分能够抗炎镇痛、预防溃疡、抗病原微生物；一些芳香化湿药具有抗肿瘤、抗腹泻、镇静的作用，还有一些对心血管系统、中枢神经系统也有一定的作用；部分芳香化湿药的水提物具有抑菌的作用。

草豆蔻

草豆蔻是姜科植物草豆蔻的干燥近成熟种子。又称草蔻仁。化湿药。始载于《本草纲目》。

草豆蔻产于中国广东、广西，生于山地疏或密林中。夏、秋二季采收，晒至九成干，或用水略烫，晒至半干，除去果皮，取出种子团，晒干。商品药材主要来自栽培。

◆ **性状**

草豆蔻为类球形的种子团，直径 1.5 ～ 2.7 厘米。表面灰褐色，中间有黄白色的隔膜，将种子团分成 3 瓣，每瓣有种子多数，粘连紧密，种子团略光滑。种子为卵圆状多面体，长 3 ～ 5 毫米，直径约 3 毫米，外被淡棕色膜质假种皮，种脊为一条纵沟，一端有种脐；质硬，将种子沿种脊纵剖两瓣，纵断面观呈斜心形，种皮沿种脊向内伸入部分约占整个表面积的 1/2；胚乳灰白色。气香，味辛、微苦。

◆ **药性和功用**

草豆蔻味辛，性温，归脾、胃经。具有燥湿行气、温中止呕功能，用于寒湿内阻、脘腹胀满冷痛、嗳气呕逆、不思饮食。

◆ **成分和药理**

草豆蔻含黄酮、挥发油、二苯庚烷等，具有抗胃溃疡、保护胃黏膜、促进胃肠运动、镇吐、抗氧化、抗菌、抗肿瘤、细胞保护等作用。

◆ **用法和禁忌**

草豆蔻长于温中散寒、行气消胀，适于脾胃寒湿偏重、气机不畅者，常与干姜、厚朴、陈皮等温中行气药配伍同用；用于降逆止呕，多与肉桂、高良姜、陈皮等温中止呕之品同用。单用草豆蔻，可温脾燥湿、除中焦之寒湿而止泻痢；用治寒湿内盛、清浊不分而腹痛泻痢者，可与苍术、厚朴、木香等同用。煎服用量 3 ～ 6 克，入汤剂宜后下，入散剂较佳。阴虚血燥者慎用。

草　果

草果是姜科植物草果的干燥成熟果实。又称草果仁、草果子、云果子。芳香化湿药。始见于《太平惠民和剂局方》。

草果产于中国云南、广西、贵州等省区，生于疏林下。

秋季果实成熟时采收，除去杂质，晒干或低温干燥。商品药材主要来自栽培。

◆ 性状

草果呈长圆形，具三钝棱，长 2 ～ 4 厘米。直径 1 ～ 2.5 厘米。表面灰棕色，具纵沟及棱线，顶端有圆形突起的柱基，基部有果梗或果梗痕。果皮质坚韧，内有黄棕色隔膜，将种子团分成 3 瓣，每瓣有种子多为 8 ～ 11 粒。有特异香气，味辛、微苦。

植物草果

◆ 药性和功用

草果味辛，性温，归脾、胃经。具有燥湿温中、截疟除痰功能，用于寒湿内阻、脘腹胀痛、痞满呕吐、疟疾寒热、瘟疫发热。

中药草果

◆ 成分和药理

草果主要含有挥发油（蒎烯、樟脑、香叶醇）、淀粉、油脂及无机元素（铁、锰、铜、锌），具有镇咳祛痰、抗炎、抗真菌、抗乙肝病毒、调节肠道平滑肌活动、镇痛、抗氧化等作用。

◆ 用法和禁忌

草果用于治疗脾寒不愈、大便溏泄，可与附子、生姜配伍；治疗截疟，常配伍厚朴、黄芩，若治疗久疟正虚者，可和益气补虚药配伍，如人参、甘草等。若脾肾虚寒，手足不温、畏冷，可配伍补骨脂等温肾补阳药。用于寒湿中阻、饮入易吐，脘腹冷痛之证，可与干姜、吴茱萸配伍。用于脾胃寒湿内阻、食积腹满，食欲不振、呕恶者，常与化积消食药配伍，如山楂、陈皮。煎服用量 3～6 克，取仁捣碎；或入丸散。阴虚血少者禁服。

豆蔻壳

豆蔻壳是姜科植物白豆蔻或爪哇白豆蔻的果皮。化湿理气药。

豆蔻壳为不规则薄片，呈黄白色，或者淡黄棕色。气微香，味辛。

豆蔻壳性味和豆蔻相似，味辛、性温，归肺、脾、胃经，其温性较减，力亦较弱。豆蔻壳功能理气、宽胸利膈、

豆蔻壳

顺气安胎、止呕，用于湿阻气滞所致的脘腹胀满、食欲不振、呕吐、胎动不安等症。煎服用量 3～5 克，入汤剂后下，不宜久煎。

豆 蔻

豆蔻是姜科植物白豆蔻或爪哇白豆蔻的干燥成熟果实，按产地不同分为"原豆蔻"和"印尼白蔻"。又称白蔻仁、白豆蔻、壳蔻等。芳香化湿药。始载于《名医别录》。

◆ **产地和分布**

白豆蔻主产于柬埔寨、泰国、越南、老挝、斯里兰卡等地，爪哇白豆蔻主产于印度尼西亚。在中国云南、海南、广东、广西等地也有栽培。

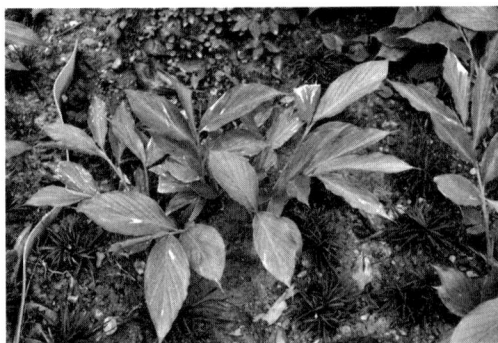

白豆蔻

七八月间，果实将熟尚未开裂时采收果穗，将花柄和果柄摘除，晒干。去过皮或者带着果皮打碎生用。商品药材主要来源于栽培。

◆ **性状**

原豆蔻呈类球形，直径 1.2～1.8 厘米，表面黄白色至淡黄棕色，有 3 条较深的纵向槽纹，顶端有突起的柱基，基部有凹下的果柄痕，两端均具浅棕色绒毛。果皮体轻，质脆。易纵向裂开，内分 3 室，每室含种子约 10 粒，种子呈不规则多面体，背面略隆起，直径 3～4 毫米，表面暗棕色，有皱纹，并被有残留的假种皮。气芳香，味辛凉略似樟脑。印尼白蔻个略小。表面黄白色，有的微显紫棕色，果皮较薄，种子瘦瘪。气味较弱。

◆ **药性和功用**

豆蔻味辛，性温，归肺、脾、胃经。具有行气化湿、温中健脾、温胃止呕、开胃消食功能，用于湿浊中阻、不思饮食、湿温初起、胸闷不饥、寒湿呕逆、胸腹胀痛、食积不消。

◆ **成分和药理**

豆蔻主要含挥发油（1,8- 桉叶素、丁香烯、右旋龙脑、右旋樟脑、芳香樟、香橙烯等）等，具有健脾、止呕、抑制结核、抑菌等作用。

◆ **用法和禁忌**

豆蔻可化湿行气，治疗湿邪内阻所致的脘腹痞闷、不思饮食，常与化湿行气之药如苍术、陈皮等配伍使用。用于外感湿邪引起的胸闷气短、舌苔浊腻，可与厚朴等药同用。治疗身热、舌黄、尿赤者，则配伍清热利湿药如滑石、猪苓等。豆蔻还能温中健脾，治疗湿阻中焦所致的脾失健运。还可温胃止呕，治疗胃寒呕吐，常配伍止呕药半夏、藿香等。另外，豆蔻还可以与鸡炖食，治疗寒伤胃阳，温胃止痛。内服用量3 ～ 6克，入汤剂后下，入散剂效果最佳。阴虚血燥者禁服。

厚 朴

厚朴是木兰科植物厚朴或凹叶厚朴的干燥树干皮、根皮及枝皮。又称厚皮、赤朴、烈朴。芳香化湿药。始载于《神农本草经》。

◆ **产地和分布**

厚朴产于中国西北、西南、华中地区。生于海拔 300 ～ 1500 米的山地林间。

　　凹叶厚朴产于中国华东、华中、华南地区。生于海拔 300 ～ 1400 米的林中。4 ～ 6 月剥取根皮和枝皮，直接阴干；干皮置沸水中微煮后，堆置阴湿处，"发汗"至内表面变紫褐色或棕褐色时，蒸软，取出，卷成筒状，干燥。商品药材主要来自栽培。

植物厚朴

◆ 性状

　　厚朴干皮呈卷筒状或双卷筒状，长 30 ～ 35 厘米，厚 0.2 ～ 0.7 厘米，习称"筒朴"；近根部的干皮一端展开如喇叭口，长 13 ～ 25 厘米，厚 0.3 ～ 0.8 厘米，习称"靴筒朴"。外表面灰棕色或灰褐色，粗糙，有时呈鳞片状，较易剥落，有明显椭圆形皮孔和纵皱纹，刮去粗皮者显黄棕色。内表面紫棕色或深紫褐色，较平滑，具细密纵纹，划之显油痕。质坚硬，不易折断，断面颗粒性，外层灰棕色，内层紫褐色或棕色，有油性，有的可见多数小亮星。气香，味辛辣、微苦。根皮呈单筒状或不规则块片；有的弯曲似鸡肠，习称"鸡肠朴"。质硬，较易折断，断面纤维性。枝皮呈单筒状，长 10 ～ 20 厘米，厚 0.1 ～ 0.2 厘米。质脆，

中药厚朴

易折断，断面纤维性。

◆ **药性和功用**

厚朴味苦、辛，性温，归脾、胃、肺、大肠经。具有燥湿消痰、下气除满、降逆平喘功能，用于湿滞伤中、脘痞吐泻、食积气滞、腹胀便秘、痰饮喘咳。

◆ **成分和药理**

厚朴主要含酚类（厚朴酚、和厚朴酚、四氢厚朴酚、异厚朴酚）、生物碱（厚朴碱、木兰花碱、武当木兰碱）、挥发油（桉叶醇、胡椒烯）等，具有抗氧化、抗菌、抗炎、镇痛、抗肿瘤、心肌保护、钙拮抗、抗凝血、保肝护肝、抗焦虑、抗抑郁、降压等作用。

◆ **用法和禁忌**

厚朴配伍苍术、陈皮等，可治疗寒湿阻中；配伍黄连、栀子等，治湿热阻中；配伍枳实、大黄，治实热结滞肠道；配伍山楂、麦芽，治食积胀满；配伍木香、肉桂，治寒凝气滞；配伍杏仁、苏子、半夏，治痰饮喘咳。煎服用量3～10克，或入丸、散。气虚、津伤血亏者禁服；孕妇慎用。

苍 术

苍术是菊科植物茅苍术或北苍术的干燥根茎。又称亦术、马蓟、青术等。芳香化湿药。始载于《神农本草经》。

◆ 产地和分布

茅苍术产于中国江苏、湖北、河南等地。北苍术产于中国内蒙古、山西、辽宁等地。二者均生长于山坡草地、林下、灌丛及岩缝隙中。

植物苍术

春、秋二季采挖，除去泥沙，晒干，撞去须根。商品药材主要来自栽培。

◆ 性状

茅苍术药材呈不规则连珠状或结节状圆柱形，略弯曲，偶有分枝，长 3 ~ 10 厘米，直径 1 ~ 2 厘米。表面灰棕色，有皱纹、横曲纹及残留须根，顶端具茎痕或残留茎基。质坚实，断面黄白色或灰白色，散有多数橙黄色或棕红色油室，暴露稍久，可析出白色细针状结晶。气香特异，味微甘、辛、苦。

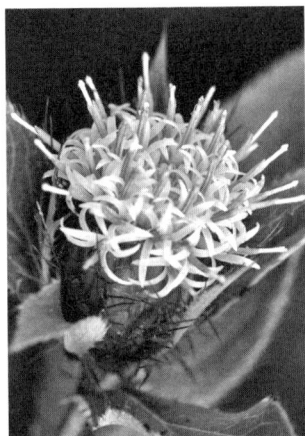

苍术花

北苍术药材呈疙瘩块状或结节状圆柱形，长 4 ~ 9 厘米，直径 1 ~ 4 厘米。表面黑棕色，除去外皮者黄棕色。质较疏松，断面散有黄棕色油室。香气较淡，味辛、苦。

◆ 药性和功用

苍术味辛、苦，性温，归脾、胃、肝经。具有燥湿健脾、祛风散寒、化湿浊、祛风湿、明目功能，用于湿阻中焦、脘腹胀满、泄泻、水肿、脚气痿蹙、风湿痹痛、风寒感冒、夜盲、眼目昏涩。

◆ **成分和药理**

苍术主要含挥发油（如苍术素、3b-乙酰氧基苍术酮、3b-羟基苍术酮、白术内酯）、聚炔、糖醛、苷类等，具有调整胃肠运动、

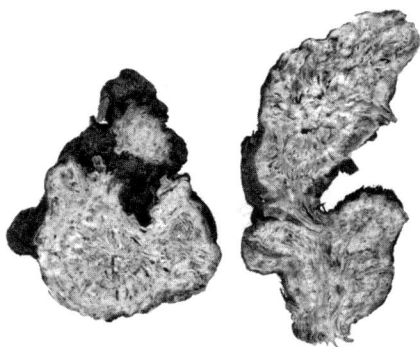

苍术药材

抗菌、抗溃疡、保肝、抗肿瘤、抗炎、镇痛、利水等作用。

◆ **用法和禁忌**

苍术治疗湿阻中焦、脾失健运所致的脘腹胀满、吐泻乏力、呕恶食少及舌苔白腻等，常与厚朴、陈皮等同用；治疗脾虚湿聚所致的痰饮或水肿，多与茯苓、猪苓、泽泻等同用；治疗湿痹，与独活、羌活、薏苡仁同用；用于风寒夹湿表证时，配伍防风、独活、羌活等；单用或与猪肝、羊肝蒸煮同食可治疗夜盲症、眼目昏涩。内服用量3～9克，煎汤、熬膏或入丸散剂。阴虚内热、气虚多汗者忌用。

佩　兰

佩兰是菊科植物佩兰的干燥地上部分。又称简兰、兰草、水香等。芳香化湿药。始载于《神农本草经》。

◆ *产地和分布*

佩兰产于中国各地。野生者生于路边灌丛及山沟路旁。

夏、秋二季分两次采割，除去杂质，晒干。商品药材主要来自栽培。

◆ **性状**

佩兰茎呈圆柱形，长 30 ～ 100 厘米，直径 0.2 ～ 0.5 厘米；表面黄棕色或黄绿色，有的带紫色，有明显的节和纵棱线；质脆，断面髓部白色或中空。叶对生，有柄，叶片多皱缩、破碎，绿褐色；完整叶片 3 裂或不分裂，分裂者中间裂片较大，展平后呈披针

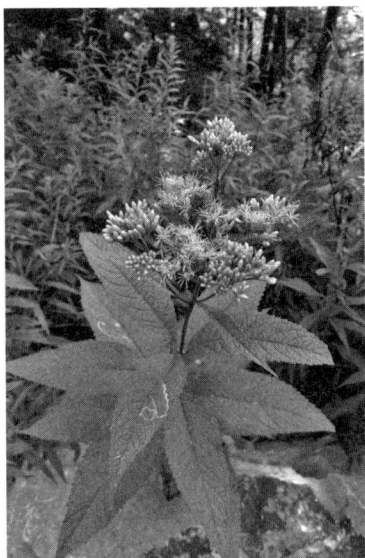

佩兰花

形或长圆状披针形，基部狭窄，边缘有锯齿；不分裂者展平后呈卵圆形、卵状披针形或椭圆形。气芳香，味微苦。

◆ **药性和功用**

佩兰味辛，性平，归脾、胃、肺经。具有芳香化湿、醒脾开胃、发表解暑、清肺消痰、开散郁结功能，用于脘痞呕恶、口中甜腻、口臭、多涎、暑湿表证、湿温初起、发热倦怠、胸闷不舒、产后血虚气弱、气机不利、肝肺郁结、小便不利、消渴、水肿。

◆ **成分和药理**

佩兰全草含挥发油（对 - 聚伞花素、5- 甲基麝香草醚、乙酸橙花醇酯）、宁德洛菲碱等，具有祛痰、抗病毒、抑菌、抗炎、抗肿瘤、增强免疫力、钙拮抗等作用。

◆ **用法和禁忌**

佩兰为常用芳香化湿药，与藿香相须为用可协同增强其芳香化湿之功；治疗湿阻中焦或寒湿困脾之证，可配伍苍术、厚朴、陈皮等；治疗湿温初起、湿热郁阻脾胃、口中甜腻多涎、胸闷呕恶等证，常配伍黄芩、薏苡仁、杏仁等；治疗暑湿证常配伍青蒿、滑石、荷叶等。煎服用量3～10克，鲜品加倍。易伤阴耗气，故阴虚、气虚者禁用。

广藿香

广藿香是唇形科植物广藿香的干燥地上部分。又称藿香、海藿香、土藿香。芳香化湿药。始载于《名医别录》。

◆ **产地和分布**

广藿香主产于中国华南、华东地区，印度、菲律宾也有。生于温暖湿润、土质疏松的砂壤土中。

植物广藿香

枝叶茂盛时采割，日晒夜闷，反复至干。商品药材主要来自栽培。

◆ **性状**

广藿香茎略呈方柱形，多分枝，枝条稍曲折，长30～60厘米，直径0.2～0.7厘米；表面被柔毛；质脆，易折断，断面中部有髓；老茎类圆柱形，直径1～1.2厘米，被灰褐色栓皮。叶对生，皱缩成团，展平后叶片呈卵形或椭圆形，长 4 ～ 9 厘米，宽 3 ～ 7 厘米；两面均被灰白色绒毛；先端短尖或钝圆，基部楔形或钝圆，边缘具大小不规则的钝齿；叶柄细，长 2 ～ 5 厘米，被柔毛。气香特异，味微苦。

◆ 药性和功用

广藿香味辛，性微温，归脾、胃、肺经。具有芳香化浊、和中止呕、发表解暑功能，用于湿浊中阻、脘痞呕吐、暑湿表证、湿温初起、发热倦怠、胸闷不舒、寒湿闭暑、腹痛吐泻、鼻渊头痛等。

中药广藿香

◆ 成分和药理

广藿香主要含挥发油（广藿香醇、丁香油酚、γ- 广藿香烯）、黄酮（藿香黄酮醇、芹黄素、鼠李黄素）、苷类、倍半萜等，具有抗菌、抗病毒、解痉、抗炎、镇痛及解热等作用。

◆ 用法和禁忌

广藿香为常用芳香化湿药。治疗湿阻中焦、中气不运，可与厚朴、苍术等同用；治疗暑湿表证，可与紫苏、半夏等配伍使用；治疗脾胃湿浊所致呕吐等，常与生姜、半夏、丁香等配伍使用；治疗疟疾诸症，多与高良姜配伍使用。

煎服用量 3 ～ 10 克，鲜者加倍，不宜久煎；或入丸散。外用适量，煎水含漱，或研末调敷。阴虚火旺、面燥、血燥者，胃热作呕者禁服。

炒令香

炒令香是药物经加热炒制后，能产生香气，可增强补脾健胃等功效。是中药炮制理论的内容之一。

在中药古籍中，有很多关于种子类和入脾胃经药物要求"炒令香熟""炒香入药"或"焦香醒脾"的记载，如《证类本草》在苍耳子项下记载"炒令香，捣去刺，使腹破"，《普济本事方》中有"炒令香"（小茴香），《医学入门》有"入药炒令香"，《药品辨义》有"炒香开胃，以除烦闷"，《得配本草》有"炒食补中"的记载，对砂仁、肉豆蔻、小茴香、白术等入脾胃经药物均要求加热炒至出药物固有的香气，以增强补脾健脾的作用。《修事指南》提出"炒者取芳香之性"等炮制作用。

健脾药物炒香可增强健脾作用，对脾胃有刺激性的药物经炒后可缓和刺激性，这些都是在长期的医疗实践中归纳总结出来的规律。因此，药物炒至产生焦香气对补脾护脾起到重要作用。

本书编著者名单

编著者（按姓氏笔画排列）

万雪琴	王 雁	王 强	王宗德
尹军峰	巧 生	石 雷	叶志彪
毕良武	乔延江	任梓铭	向 丽
刘宁宁	刘丽郭	刘铸晋	齐 悦
孙美玉	牟凤娟	杜建军	李 玥
李 慧	李淑君	李靖锐	肖作兵
吴晶晶	吴毓林	何庆华	余雪标
张 村	张文颖	陆仁荣	陆顺忠
陈玉湘	陈龙清	陈虹霞	罗金岳
赵凯歌	赵振东	赵润怀	钟俊桢
饶小平	饶广远	夏念和	夏宜平
顾红雅	郭信强	唐 亚	黄士诚
黄致喜	商士斌	屠幼英	彭方仁
董燕梅	傅承新	鲁树亮	曾黎辉